"国家示范性高等职业院校建设计划"骨干高职院校建设项目成果

宠物疾病诊疗技术

赵学刚 黄秀明 主编

CHONGWU JIBING ZHENLIAO JISHU

中国农业出版社
北京

内容简介

　　本教材按照高职教育理论和实训一体化的教学模式，紧扣宠物养护与疫病防治专业和宠物医学专业人才培养标准及职业岗位需要，采用项目化的编写体例，突出教学内容的适用性和实用性，还在教材中增加了一些基层单位适用的新技术。

　　本教材共分四个项目，二十七个任务。主要内容包括宠物疾病临床诊断、宠物疾病实验室诊断、建立诊断、宠物疾病治疗等。

　　本教材既可作为高职宠物养护与疫病防治、宠物医学等专业的教学用书，也可作为基层宠物医师和宠物养殖户的参考用书。

中国农业出版社
北京

农业类高等职业教育是高等教育的一种重要类型，在服务"三农"、服务新农村、促进农村经济持续发展、培养农村"赤脚科技员"中发挥了不可替代的引领作用。作为职业教育教学的核心——课程，是连接职业工作岗位的职业资格与职业教育机构的培养目标之间的桥梁，而高质量的教材是实现这些目标的基本保证。

江苏畜牧兽医职业技术学院是教育部、财政部确定的"国家示范性高等职业院校建设计划"骨干高职院校首批立项建设单位。学院以服务"三农"为宗旨，以学生就业为导向，紧扣江苏现代畜牧产业链和社会发展需求，动态灵活设置专业方向，深化"三业互融、行校联动"人才培养模式改革，创新"课堂—养殖场"、"四阶递进"等多种有效实现形式，构建了校企合作育人新机制，共同制定人才培养方案，推动专业建设，开展课程改革。学院教师联合行业、企业专家在实践基础上，共同开发了《动物营养与饲料加工技术》等40多门核心工学结合课程教材，合作培养社会需要的人才，全面提高了教育教学质量。

三年来，项目建设组多次组织学习高等职业教育教材开发理论，重构教材体系，形成了以下几点鲜明的特色：

第一，以就业为导向，明确教材建设指导思想。按照"以就业为导向、能力为本位"的高等职业教育理念，将畜牧产业生产规律与高等职业教育规律、学生职业成长规律有机结合，开发工学结合课程教材，培养学生的综合职业能力，以此作为教材建设的指导思想。

第二，以需要为标准，选择教材内容。教材开发团队以畜牧产业链各岗位典型工作任务为主线，引入行业、企业核心技术标准和职业资格标准，在分析学生生活经验、学习动机、实际需要和接受能力的基础上，针对实际职业工作需要选择教学内容，让学生习得工作需要的知识、技能和态度。

第三，以过程为导向，序化教材结构。按照学生从简单到复杂的循序渐进认知过程、从能完成简单工作任务到完成复杂工作任务的能力发展过程、从初学者到专家的职业成长过程，序化教材结构。

"千锤百炼出真知。"本套特色教材的出版是"国家示范性高等职业院校建设计划"骨干高职院校建设项目的重要成果之一，同时也是带动高等职业院校教材改革、发挥骨干带动作用的有效途径。

感谢江苏省农业委员会、江苏省教育厅等相关部门和江苏高邮鸭集团、泰州市动物卫生监督所、南京福润德动物药业有限公司、卡夫食品（苏州）有限公司、无锡派特宠物医院等单位在教材编写过程中的大力支持。感谢李进、姜大源、马树超、陈解放等职教专家的指导。感谢行业、企业专家和学院教师的辛勤劳动。感谢同学们的热情参与。教材中的不足之处恳请使用者不吝赐教。

是为序。

江苏畜牧兽医职业技术学院院长：

2012 年 4 月 18 日于江苏泰州

前 言

本教材根据《国家中长期人才发展规划纲要（2010—2020）》和《关于加强高职高专教育教材建设的若干意见》的精神，结合"行校联动、工学结合"的教学改革和近年来教材建设的实践而编写的，是江苏畜牧兽医职业技术学院国家示范（骨干）院校建设的核心教材之一。主要为宠物养护与疫病防治专业和宠物医学专业而编写，也可作为动物生产类、动物医学类行业企业技术人员的参考书。

本教材依据工作过程要求构建教学内容，强调理实一体化教学，突出工学结合，注重学生职业综合能力的培养和发展需求。针对高职高专宠物养护与疫病防治专业（群）人才就业岗位的需求，设置了宠物疾病临床诊断、宠物疾病实验室诊断、建立诊断及宠物疾病治疗等四个项目共计二十七个工作任务，各项目教学内容既相对独立，又能有机结合在一起，可满足不同岗位群人员的需要，因此，在教学过程中，可根据专业教学标准和当地实际需要，有针对地选择教学。

参加本教材编写的人员既有长期从事宠物疾病诊疗教学和科研的骨干教师，也包括长期从事宠物疾病诊疗工作的行业企业技术骨干。其中赵学刚（江苏畜牧兽医职业技术学院）编写项目一中的任务一、二、三、四，姚平（泰州市动物园）编写项目一中的任务五、六，郑晓亮（江苏畜牧兽医职业技术学院）编写项目一中的任务七、八，黄秀明（江苏畜牧兽医职业技术学院）编写项目二中的任务一、二、三，赵莎莎（江苏畜牧兽医职业技术学院）编写任务二中的任务四、五，陈鹏峰（上海宠物诊疗行业协会）编写项目二中的任务六、七、八，陆江、翟晓虎（江苏畜牧兽医职业技术学院）编写项目三，傅宏庆、刘静（江苏畜牧兽医职业技术学院）编写项目四中的任务一、二、八、九，李新宇、曹仕发（泰州市兽医卫生监督所）编写项目四中的任务三、四、五，李玲（江苏畜牧兽医职业技术学院）编写项目四中的任务六、七。全书由黄秀明、赵学刚统稿，由扬州大学周明荣高级兽医师、江苏畜牧兽医职业技术学院贺生中教授审稿，感谢他们对结构体系和内容提出的宝贵意见。在教材编写过程中得到了江苏畜牧兽医职业技术学院国家示范（骨干）建设办公室及宠物科技学院的关心和支持，谨此表示诚挚的谢意。

由于编者水平所限，难免存在不足之处，恳请专家和读者赐教指正。

编　者

2012 年 9 月

目　录

序
前言

宠物疾病临床诊断

【学习目标】

掌握宠物疾病临床诊断等基本方法和内容，从而对临床常见疾病做出基本判断。

任务一　宠物的接近与保定

◇ 目的要求

在保证操作人员安全的前提下，能够接近和保定宠物，为进一步对宠物疾病的诊断和治疗提供保障。

◇ 器材要求

实验用犬、猫或宠物医院临床病例、保定用口笼、保定钳、纱布条、伊丽莎白项圈、布袋、操作台等。

◇ 学习场所

宠物疾病临床诊断实训中心或宠物医院门诊。

学习素材

一、犬、猫的接近

在接近犬、猫前，医生首先应了解犬、猫的习性，例如，询问犬、猫的名字、爱好、平时是否具有攻击性、是否愿意让别人抚摸等。在犬、猫熟悉周围环境后向其发出即将接近信号（如呼唤犬、猫的名字或发出温和的呼声，手指弯曲手掌向内召唤犬、猫，以引起犬、猫的注意），在犬、猫没有做出反抗或表现出敌意的情况下从其前方缓慢绕至前侧方犬、猫的视线范围内，以逐步接近犬、猫。

犬、猫平时并不会主动攻击人，常因为其紧张害怕进行自我保护时出现攻击人的现象。犬攻击人时主要是用锋利的牙齿咬人，而猫除了牙齿咬人，利爪也是攻击的主要工具，作为一名兽医工作者，保证自身及犬、猫的安全是开展诊疗工作的前提。

接近犬、猫之前，应先让犬、猫看到医生，切勿盲目粗鲁的突然接近，以免引起犬、猫惊恐、应激，主人反感，甚至造成犬、猫伤人或犬、猫的损伤。接近犬、猫后检查者用手掌背侧或其他软物轻轻抚摸其头部或背部，并密切观察其反应，犬、猫未表现出反抗后

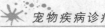
方可进行保定和诊疗活动。

操作注意事项：

操作之前首先向主人了解犬、猫的习性，是否咬人、抓人及有无特别敏感部位不愿让人接触。主人对犬、猫习性的介绍也仅能作为参考，具体情况应视犬、猫的反应而定。

接近时，若犬、猫竖耳、瞪眼、龇牙、被毛竖立，甚至发出"呜呜"的呼声时，应暂缓接近。必要时可请宠物主人协助。

检查者接近犬、猫时，应避免操作不当造成犬、猫恐慌，如大的器械、声响、人员过多等。同时，粗暴等操作也会使宠物主人难以接受。检查者着装应符合兽医卫生和公共卫生要求。

二、犬的保定

1. 口笼保定法 根据犬个体大小及口形特点选用适宜的口笼，将其带子绕过耳后扣牢。此法主要用于大型品种犬（图1-1、图1-2）。

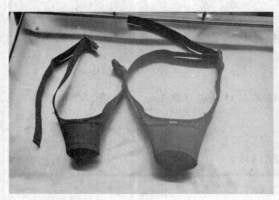

图1-1　保定用口笼

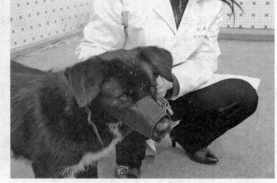

图1-2　口笼保定

2. 保定钳保定法 操作人员持保定钳夹持犬颈部，并强行将犬按倒在地，后由助手按住犬四肢，并固定躯干后部。本法多用于未驯服或凶猛犬的检查和简单治疗，也可用于捕犬，但操作过程中应尽量避免对犬只造成伤害（图1-3）。

3. 扎口保定法 此操作可在宠物主人的协助下完成，保定效果确实，但操作时应防止扎的过紧引起宠物呼吸困难。

（1）长嘴犬的扎口保定。操作人员用绷带或细的软绳在其中间绕两圈，打一单结，套在嘴后颜面部，在下颌部拉紧单结，

图1-3　保定钳保定

后将绷带两游离端沿下颌两侧拉向耳后，在颈背侧枕部收紧打结（图1-4、图1-5）。

（2）短嘴犬扎口保定。操作人员用绷带或细的软绳在其1/3处打一单结，套在嘴后颜

图 1-4　扎口保定

图 1-5　扎口保定

面部，于下颌间隙处单结，后将两游离端向后拉至耳后枕部打一结，并将其中一长的游离端经额部引至鼻梁处穿过绷带圈，向后反拉至耳后与另一游离端收紧打结（图 1-6）。

4. **站立保定法**　站立保定须在上述保定的基础上进行操作。

（1）地面站立保定。犬站立于地面时，先对犬实施口笼或扎口保定，温顺的犬只可不预先保定口部，操作人员后蹲于犬一侧，一手抓住犬颈圈，另一手托住犬腹部。此法常用于大型品种犬的保定（图 1-7）。

图 1-6　扎口保定

（2）诊疗台站立保定。体型较小的犬只常采用诊疗台保定，但有的犬因胆怯不愿站立会影响操作，操作时应防止犬只从诊疗台上跳下致伤。保定者先给犬只戴上口笼或扎口保定，而后站在犬一侧，一手臂托住犬胸前部，另一手臂搂住犬的臀部，使犬靠近保定者胸前（图 1-8）。

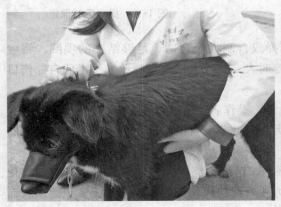

图 1-7　站立保定

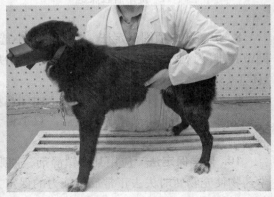

图 1-8　站立保定

5. **手术台保定法**　犬手术时可根据手术需要施行侧卧、仰卧和腹卧保定 3 种。保定前应对犬进行麻醉（图 1-9）。

3

6. 捆绑四肢保定法 将犬只的一侧前臂部和小腿部捆牢后，再将另侧前后肢合并一起捆绑固定。本法适用于横卧保定（图1-10）。

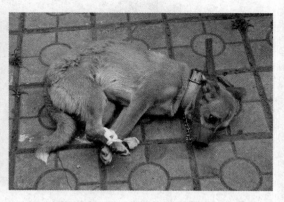

图1-9　手术台保定　　　　　　　　　　　　图1-10　捆绑四肢保定

7. 提举后肢保定法 操作人员在宠物主人的配合下，先给犬戴上口笼或扎口保定，然后用两手握住犬的两后肢，倒立提起，并用腿夹住颈部（图1-11、图1-12）。

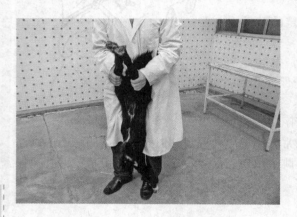

图1-11　提举后肢保定　　　　　　　　　　　图1-12　提举后肢保定

8. 伊丽莎白项圈保定法 据犬的大小选择或自制大小合适、足够结实的项圈。将项圈戴在难以驾驭的犬或猫颈部。主要防止治疗时犬、猫咬人以及自咬或犬手术后自舔伤口（图1-13）。

9. 怀抱保定 对一些性格温顺的中小型犬，操作者站在犬一侧，两只手臂分别放在犬颈前部和股后部将犬抱起，然后一只手将犬头颈部紧贴自己胸部，另一只手抓住犬两前肢限制其活动（图1-14）。

10. 化学保定法 应用某些镇静剂、催眠剂、镇静止痛剂、安定剂、分离麻醉剂等化学药物使宠物暂时失去正常反抗能力的保定方法。此法可使犬的肌肉松弛、意识减弱从而失去反抗能力。常用的药物包括氯胺酮、氯丙嗪、速眠新、安定、静松灵、噻胺酮等。此法适用于对犬进行较长时间或复杂的检查、治疗，方便操作，对人安全，但用药之前应该与宠物主人做好沟通交流，增加用药量时可能会给犬、猫带来一定风险。

图 1-13 项圈保定

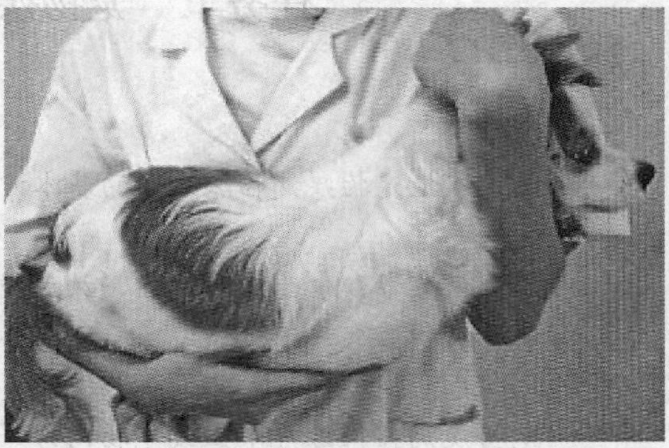

图 1-14 怀抱保定

三、猫的保定

对于性情温顺的猫，临床上保定较为方便，只要抚摸就能进行检查和给药。对脾气比较暴躁的猫，为防止其咬伤或搔抓及逃离诊疗场所，可采用以下保定方法。

1. 徒手保定法 对于反抗能力弱的小猫，可用一只手抓住其颈背部皮肤，另一只手轻轻托起其臀部。成年猫的保定一般需要由两人完成，一人先抓住猫颈部皮肤，另一人固定猫的前后肢（图 1-15）。

2. 布袋保定法 用帆布或皮革缝制与猫身等长的圆筒形保定袋，可在一端开口系上可以抽动的带子。操作人员将猫装入布袋内，一条腿露出布袋，紧缩袋口即可固定。此操作时间不宜过长，以防造成猫呼吸困难（图 1-16、图 1-17）。

图 1-15 徒手保定

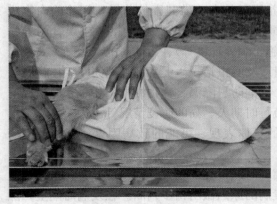

图 1-16 布袋保定

图 1-17 布袋保定

5

任务二　宠物疾病临床检查方法

◇ **目的要求**
　　熟练掌握宠物疾病临床检查的基本方法，并了解操作过程中应该注意的问题。
◇ **器材要求**
　　器械：绷带、口套、听诊器、放大镜。
　　实验动物：犬、猫。
◇ **学习场所**
　　宠物疾病临床诊疗中心或宠物门诊。

学习素材

　　临床检查主要通过问诊、视诊、触诊、听诊、叩诊及嗅诊等方法完成。根据犬、猫的个体、习性及解剖特点，临床上经常采用问诊、视诊、触诊、听诊等进行诊断。

一、问诊

　　问诊在宠物疾病临床诊断过程中极其重要，宠物医生通过询问的方式一方面了解犬、猫的发病情况、既往病史和日常饲养管理等情况，同时还可了解宠物主人的相关信息。问诊可以与其他诊断方法同时进行，将问诊情况和临床检查结果相结合，进行综合分析。问诊时应着重了解以下内容：

　　1. 犬、猫的来源　一般情况下，刚购入的幼龄犬、猫因食物、环境因素改变的应激，其抵抗力有所下降，可能出现食欲不振、呕吐、腹泻及呼吸道症状。相对来说，成年犬、猫的抗应激能力较强，发生急性疾病较为少见。问诊时应了解犬、猫的年龄，购入前后饮食、饲养方式的改变情况，购入前是否进行过疫苗接种及驱虫等。

　　2. 日常饲养管理　犬、猫合理的日常饲养管理是犬、猫健康的前提，问诊的内容应包括饲喂方式（食物结构、每天饲喂次数及饲喂量、饲喂方式、可能接触或误食的异物等）、饲养条件（笼养还是散养、保暖防寒措施、饲养环境等）、运动情况（运动方式及运动量）、免疫状况（免疫程序是否完整、合理）及驱虫情况（是否定期驱虫、用药种类、剂量及驱虫效果）等。如夏季高温情况下犬、猫的防暑降温、食物结构；冬季寒冷情况下犬、猫的保暖防寒、运动管理；春秋季疫病流行时期犬、猫的防疫情况等。

　　3. 现病史　现病史是指犬、猫此次发病的具体表现、可能的致病因素、就诊及用药情况。在进行现病史调查时，应该重点了解：

　　（1）发病的时间、地点。宠物主人会在第一时间最先发现犬、猫出现异常，再结合发病的地点及周围环境条件，主人会对犬、猫发病的原因做出初步判断。在发病时间上，除了季节性因素外，应着重了解发病时间与天气、饮食、嬉戏、调教、训练或运动、早晚、产前产后等的关系。对于发病地点，主要了解犬、猫舍内外及其周边的环境状况，了解各

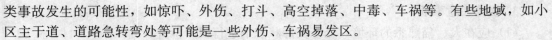

类事故发生的可能性，如惊吓、外伤、打斗、高空掉落、中毒、车祸等。有些地域，如小区主干道、道路急转弯处等可能是一些外伤、车祸易发区。

（2）病初表现。犬、猫发病初期的表现往往不会引起宠物主人的重视，但往往一些病初表现对疾病的诊断有很大的帮助，如早期呕吐物的性状、咳嗽出现的时间及特征等。宠物医生从初始症状中得到启示，就可以向主人询问有关情况，以求更详细更深入地了解。

（3）发病过程。病情发展的过程中是否出现了新的情况：逐步加重？逐步减轻？或者病情不稳定。改变饲喂或环境条件病后饲养管理有哪些改变；是否就医；其他兽医诊断的结果是什么，临床处治的药物组方和方法是什么，效果怎样。根据以上信息，兽医就可以了解疾病经过、发展趋势（病势），为抓住疾病的本质提供科学依据；可以了解前面兽医诊治的优缺点，作为本兽医诊治的参考依据，避免走弯路；根据病势也可以正确地推断该病例的预后。

（4）对宠物主人所描述的犬、猫病情要加以鉴别。宠物主人往往是第一个接触病犬、猫的人，对病因的估计可能具有一定的客观性，可以作为我们推断病因的依据，但不一定是主要的，因为宠物主人也可能存在主观臆断。同时，宠物主人对病情的描述也可能夸大或缩小。所以宠物医生对主人所描述的犬、猫病情及病因估计要加以鉴别。

4. 既往史 询问宠物以往发病的情况，如该宠物以前还有哪些疾病，有没有类似疾病的发生，发病有无规律性、季节性。当时诊断结果如何、采用了哪些药物治疗、效果如何、有无药物过敏史等。对于普通病，宠物往往易复发或习惯性发生，如果有类似疾病的发生，对诊断和治疗会有较大帮助。

5. 问诊注意事项

（1）问诊时语言应通俗易懂，态度和蔼、礼貌待人。

（2）问诊内容应突出重点，应尽可能全面。

（3）对于问诊收集到的信息应客观对待，不能简单的肯定或否定，应结合临床检查进行综合分析，不能单纯依靠问诊而草率作出诊断。

二、视诊

视诊是利用肉眼或借助简单器械对病犬、猫整体状况、局部状况、分泌物和排泄物等进行观察，收集临床诊治资料。视诊检查时应尽可能使犬、猫保持安静状态。

1. 整体及精神状态检查 观察犬、猫体格大小、发育程度、营养状况、体质强弱、躯体及四肢的对称性和匀称性等，整体状况的判断必须以犬、猫品种、年龄、性别、生理状态等为前提。犬、猫精神状态包括精神抑制、精神正常、精神兴奋3个方面。异常情况表现为沉郁或兴奋。

2. 被皮、姿势及天然孔检查 检查被毛状态，皮肤、黏膜的颜色及特征，体表的创伤、溃疡、疹块、疮疖、肿物、局部炎症、疥癣及外寄生虫等。姿势是指犬、猫站立时的状态，步态是指行走时的体态。犬、猫站立时的异常情况有交替负重、四肢集于腹下、悬肢、曲颈、僵直等；步态异常有共济失调、盲目运动、骚动不安、跛行等。天然孔道检查包括口腔、鼻腔、咽喉、肛门、阴道等处的颜色、完整性、排泄物或分泌物等。同时，应观察犬、猫生理活动是否异常，如呼吸、咀嚼、吞咽、饮水、呕吐、排粪动作、排尿姿势、尿液等。

3. 视诊注意事项

（1）应在犬、猫熟悉的环境，处于安静状态下进行视诊检查。

（2）最好在自然光照下进行检查。

（3）收集症状应客观全面，不能单纯根据视诊所见就确立诊断，要结合其他方法检查的结果进行综合分析判断。

三、触诊

触诊是用手指、手掌、手背、拳或检查器具对犬、猫被检部位进行触压或冲击，利用触觉对犬、猫身体结构及生理功能进行感觉感知，了解犬、猫病变的位置、硬度、大小、轮廓、温度、压痛及移动性等，为兽医临床诊断提供依据。

1. 触诊检查的内容

（1）体表状况。如感知犬、猫体表的温度、湿度，皮肤及皮下组织的质地、弹性、硬度，浅表淋巴结及局部病变的位置、大小、形态、性质、硬度及疼痛反应等。

（2）组织器官生理或病理性冲动。如心搏动或脉搏的强度、频率、节律、性质等。

（3）腹部状况。腹壁的紧张度、敏感性，腹腔内组织器官的大小、硬度、游动性、内容物等。

（4）感觉功能。如疼痛反射等。

2. 触诊的具体方法

（1）浅表触诊法。以一手轻放于被检部位，以手掌或手背接触皮肤轻微滑动进行触摸。检查体表的骨骼、关节、肌肉、腱及浅表血管时常用该法。感知检查部位的温度、湿度、肿块的硬度与性状及敏感性。

（2）深部触诊法。从表层检查内脏器官的位置、大小、形态、游动性、大小、内容物及敏感性。

①双手按压法。两手在被检部位从左右或上下两侧同时加压，逐渐缩小两手间的距离，来检查犬、猫内脏器官及其内容物的性状。

②插入检查法。用一指或几个并拢的手指沿一定部位用力插入，以感知所检器官的性状或是否存在压痛。主要检查胃、肝、脾、肾等脏器。

③冲击检查法。以拳、并拢的手指于检查部位作数次极速、连续、有力的冲击，以感知所检部位脏器及腔体的性状，主要用于腔体积液的检查。

3. 触诊注意事项

（1）触诊检查时应注意安全，脾气暴躁的犬、猫应由主人进行适当的保定。

（2）检查某些部位的敏感性时，应先检查健康部位，再检查可疑部位。把握先远后近、先轻后重的原则。

（3）触摸检查部位时，应自检查部位附近自上而下、自前而后接近，切勿突然接触。

四、叩诊

叩诊是对犬、猫被检部位进行叩击，引起震动并产生声响，根据所发出的声响的特性检查被检部位及其深部器官的物理状态的一种诊断方法。各个组织器官有不同的弹性、震动能力和产生不同性质的声响是叩诊的物理学基础。

1. 叩诊的基本方法　　叩诊的基本方法有直接叩诊和间接叩诊。其中，直接叩诊是犬、

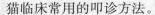

猫临床常用的叩诊方法。

（1）直接叩诊法。用手指或叩诊锤直接对犬、猫被检部位进行叩击，产生声响以期诊断的方法称为直接叩诊法。

（2）间接叩诊法。间接叩诊分为指指叩诊和锤板叩诊，是指在犬、猫被叩部位于扣指或叩诊锤之间放一个增振体进行叩诊，如以手指对手指进行叩诊则称为指指叩诊，以叩诊锤对叩诊板进行叩诊则称为锤板叩诊，其中指指叩诊在犬、猫临床诊断上较为常用。

2. 叩诊的应用范围

（1）检查犬、猫体腔（如鼻旁窦、胸腔、腹腔等）内容物性状、含气量及紧张度等。

（2）叩诊实质器官（如肝、脾等），了解其位置、大小、轮廓、性质、位移情况及其与周边组织器官的结构关系。

（3）体腔内含气器官的含气量、病变的物理形状，如肺、胃肠道等。

（4）叩诊可作为一种刺激，判断被叩击部位的敏感性，包括疼痛反应。

（5）检查各种腱反射功能等。

3. 叩诊音　叩诊的基本音响有浊音、清音和鼓音3种。另外，还有2种过渡音响：过清音和半浊音。过清音是清音和鼓音间的过渡音；半浊音是清音和浊音间的过渡音。

（1）清音。是一种振动时间较长、比较强大而清晰的叩诊音，表明被叩诊的部位的组织器官有较大的弹性，并含有一定量气体。叩诊健康犬、猫的肺呈清音。

（2）浊音。又称实音，是一种音调高、声音弱、持续时间短的叩诊音，表明被叩诊部位的组织或器官柔软、致密、不含空气且弹性不良。叩诊厚实的肌肉和不含气的实质器官，如心、肝、脾等与体壁直接接触的部位呈浊音。

（3）鼓音。是一种音调比较高朗、振动比较有规律、持续时间较长，类似敲击小鼓的声音。对犬、猫来说，主要是胃肠气胀时腹部相应部位发出的声音。

4. 叩诊注意事项

（1）应在安静的室内环境中进行叩诊。

（2）要选定好叩诊部位。

（3）叩诊板或被叩之指应该平放在被叩部位，紧密接触但不可强力按压。

（4）用叩诊指或叩诊锤垂直打击被叩部位时要利用腕力。之后，叩诊指或叩诊锤要自然弹起，连续叩击2～3次。

（5）叩诊用力的大小应根据检查的目的和被检器官的解剖特点来决定，对深在的器官、部位及较大的病灶宜用强叩诊，反之宜用弱叩诊。

五、听诊

听诊是利用听觉辨别体内各种组织器官运动或气流发出的声响的一种临床检查方法，在兽医临床上应用较为广泛。

1. 听诊方法

（1）直接听诊法。在犬、猫体表听诊部位放一层薄的诊布，检查人员用耳贴于诊布上进行听诊。除听取心跳、呼吸、胃肠蠕动音外，还可听取咳嗽、磨牙、呻吟、气喘等声音。

（2）间接听诊法。间接听诊即听诊器听诊或器械听诊。应用于小动物的听诊器最好是两级听诊器，即听头是双面的，一面有共鸣装置，一面没有，通过旋转，两面间可以

9

转换。

2. 听诊主要应用范围

（1）心血管系统。听取心搏或脉搏的声音，了解其频率、强度、性质、节律、杂音。

（2）呼吸系统。听取鼻、喉、气管等呼吸道及肺实质的呼吸音，了解其频率、节律、强度、性质、杂音及胸膜异常音（如摩擦音等）。

（3）消化系统。听取胃肠蠕动音，了解其频率、强度、性质等。

（4）生殖系统。听取胎动音、胎心音等。

3. 听诊注意事项

（1）听诊时为避免外界音响的干扰，最好在安静的室内进行。

（2）听诊器的耳插向前与耳孔紧密接触，松紧适度。

（3）听头与犬、猫被听部位紧密接触，但不可用力按压或滑动。

（4）听诊器的软管部位不应交叉，也不应与手臂、衣服、被毛摩擦，以免产生杂音。

（5）听诊时应集中注意力听取并辨别各种听诊音，观察犬、猫的各种行为表现。每个部位听诊应持续 2～3min。

（6）听诊要有针对性，是在问诊之后有目的地进行的。

六、嗅诊

嗅诊就是利用嗅觉去感受犬、猫体表、口腔、呼出气、排泄物、分泌物、呕吐物等的气味，以此来判断犬、猫所发生的可能的病理变化或可能的病理过程。

在临床检查时，应根据犬、猫的具体表现及各种物理检查方法所得出的结果进行综合分析、归纳、判断，必要时还要借助其他诊断方法进行进一步诊断。

任务三　整体及一般检查

◇ 目的要求

　　熟练掌握宠物疾病整体及一般检查的基本操作，并了解操作过程中应该注意的问题。

◇ 器材要求

　　器械：绷带、口套、听诊器、放大镜、体温计。

　　实验动物：犬、猫。

◇ 学习场所

　　宠物疾病临床诊疗中心或宠物门诊。

学习素材

一、整体状态观察

1. 精神状态　犬、猫的精神状态是其中枢神经机能的反映。可根据犬、猫对外界刺激的反应能力及其行为表现判定其精神状态是否正常。

犬、猫在健康状态下表现为眼神灵活、有光泽，反应灵敏。正常犬、猫对主人（饲养员）较为熟悉，见到主人喜撒娇，活泼可人，服从指令。对生人则警惕性高，生人接近时，表现避让或发出威胁音。神经处于抑制状态的病犬、猫则表现为对外来刺激反应迟钝，双目无神，不愿走动，常卧地不起，生人走近也不知躲避，病情重者呈嗜睡或昏迷状态。而神经处于兴奋状态时可见犬、猫兴奋不安，四处游走，乱跳乱窜，做圆圈运动，乱咬东西，攻击人畜等。

病犬、猫精神状态的异常表现不仅常随病程的发展而有程度上的改变，如由最初的兴奋不安逐渐变为高度的狂躁，或由轻度的沉郁而渐呈嗜睡乃至昏迷，此系病程加重的结果；而且有时在同一疾病的不同阶段中，可因兴奋与抑制过程的相互转化而表现为临床症状的转变或两者的交替出现，如初期兴奋，到后期可转变为昏迷，或可见到兴奋—昏迷与昏睡—兴奋的交替出现。

2. 营养程度　犬、猫的营养程度一般结合肌肉的丰满度、皮下脂肪蓄积量和被毛的状态及光泽来做出综合判定，确切测定应称量体重。

健康的犬、猫表现为肌肉丰满，皮下脂肪充盈，被毛光泽，躯体较胖而骨骼棱角不显露。

营养不良表现为消瘦，且被毛蓬乱、无光，皮肤缺乏弹性，骨骼棱角明显（如肋骨）。营养不良的患病犬、猫多同时伴有精神不振与躯体乏力。营养消瘦是临床常见的症状。如犬、猫于短期内急剧消瘦，主要应考虑有急性热性病的可能或由于急性胃肠炎、频繁下痢而致大量失水的结果。如病程发展缓慢，则应考虑慢性消耗性疾病（如慢性传染病、寄生虫病、长期的消化紊乱或代谢障碍性疾病等）。此外，所有幼龄犬、猫的消瘦均应注意营养不良、贫血、佝偻病、维生素 A 缺乏症、白肌病（硒和/或维生素 E 缺乏症），以及其他营养、代谢紊乱性疾病等。高度的营养不良，称为恶病质，常提示犬、猫预后不良。

营养过剩的犬、猫则表现为身体过度肥胖，体内脂肪聚积过多，体重增加。多因饲养水平过高、运动不足或内分泌机能紊乱引起。中老龄犬、猫身体过度肥胖常可引起心血管等多个系统疾病。

3. 体格和发育状况　犬、猫的体格和发育状况主要根据骨骼的发育程度及躯体的大小而确定。必要时可应用测量器械测定其体高、体长、体重、胸围的数值。

体格和发育良好的犬、猫，其外貌清秀，结构匀称，各部位比例适当，肌肉结实，体格健壮，运动灵活自然，其生产性能良好且对疾病的抵抗力强。

发育不良的犬、猫，多表现为躯体矮小，结构不匀称，发育程度与年龄不相称，特别是幼龄阶段，常呈发育迟缓甚至停滞。此时，提示营养不良或慢性消耗性疾病（如慢性传染病、寄生虫病或胃肠道的消化吸收障碍等）。幼龄犬、猫发育不良应多考虑慢性传染病、寄生虫病（蛔虫病、绦虫病多见）及营养不良等，维生素、矿物质及微量元素的代谢障碍往往也会引起犬、猫发育不良。如幼龄犬、猫的佝偻病，其骨骼发育异常且躯体结构比例异常，如头大颈短、面骨膨隆、胸廓扁平、四肢弯曲、关节粗大或脊柱凸凹特征性症状。

4. 姿势与步态　主要观察犬、猫在静止状态下的姿势或运动状态下姿势步态是否正常。健康犬、猫卧姿自然、运步灵活、动作协调，生人接近时会迅速躲避。病犬、猫则常表现为躺卧姿势僵硬、运动不够灵活、站立不稳或取异常姿势。临床常见的异常姿势步态有：全身僵直、站姿异常、站立不稳、骚动不安、异常步态和异常卧姿等。

（1）全身僵直。表现为全身肌肉强直性收缩及应激性增高，头颈伸直，四肢僵硬，关节不能自主屈曲，面肌痉挛，牙关紧闭，呈典型的木马样姿势，可见于破伤风。

（2）站姿异常。站立时单肢疼痛呈不自然的姿势，患肢呈免重或提起，多提示患肢骨折、肌肉关节损伤或爪部外伤。

（3）站立不稳。躯体歪斜或四肢叉开、依墙靠壁站立，常为共济失调、躯体失去平衡的表现，常见于中毒或中枢神经系统疾病，特别当病程侵害小脑之际尤为明显。

（4）骚动不安。时起时卧、后肢踢腹、频繁回视腹部，常为腹痛的特有表现。

（5）步态异常。四肢运动不协调，走路蹒跚、踉跄、躯体摇摆不定，多为中毒、神经系统疾病或病重后期的垂危表现。

（6）卧姿异常。躺卧时头置于腹下或卧姿不自然，不时翻动，为腹痛表现。猫腹痛时则表现为蜷缩，人若抱之，呈痛苦呻吟状。

二、被毛和皮肤检查

被毛检查主要包括被毛清洁度、光泽、分布状态、完整性及与皮肤结合的牢固性等，皮肤检查主要包括皮肤的颜色、温度、湿度、弹性、是否有疱疹等。健康犬、猫的被毛平滑、整洁、有光泽且完整性好，皮肤颜色呈淡粉红色富有弹性。检查被毛和皮肤主要通过视诊和触诊进行。对外寄生虫或霉菌等引起的皮肤病，必要时可取病料进行显微镜检查。

1. 被毛检查　应注意被毛的光泽、长度、色泽、卷曲、有无脱落等。正常犬、猫春秋两季换毛，且换毛部位遍布全身，检查时应区分正常换毛与皮肤病、营养代谢病引起的脱毛。被毛蓬乱而无光泽或大面积脱毛常为营养不良的标志，一般慢性消耗性疾病、长期的消化紊乱、营养物质不足及某些代谢紊乱性疾病时多见。皮肤疾病引起的脱毛多见于多种螨虫、真菌单独或混合感染，检查时可根据犬、猫的临床表现和病变部位特点进行初步分析，如螨虫感染时皮肤脱毛无规律性，真菌感染时脱毛部位边缘往往较整齐。

此外，当饲养管理不当，食物受污染或成分过于单一时，可能出现卷毛、无光泽和色泽有变化，并可影响皮肤的健康。

2. 皮肤检查

（1）皮肤颜色的检查。白色皮肤的犬、猫检查时颜色成白色略带粉红，颜色的变化容易辨识；有色素沉着的皮肤则较难检查，常参照可视黏膜的颜色变化进行辨识。皮色颜色改变可表现为苍白、黄染、发绀及潮红与出血斑点。

①苍白。多为慢性疾病、营养不良、失血性疾病等引起的贫血表现。可见于各型贫血（如外伤、内脏破裂、肿瘤等）。

②黄染。由于血清中胆红素升高而致皮肤发黄的现象，多见于肝病（如实质性肝炎、中毒性肝营养不良、肝变性、肝硬化、传染性肝炎、钩端螺旋体病、毒素中毒等），胆管阻塞（肝片吸虫症、胆道蛔虫、胆结石、急慢性胆管炎等），溶血疾病（新生仔犬黄疸、犬附红细胞体病等）。

③发绀。皮肤颜色呈蓝紫色。病初以鼻镜、耳尖及四肢末梢皮肤较为明显，病程较长

或严重时全身皮肤均可见。皮肤发绀多见于组织缺氧，如严重的呼吸器官疾病、重度的心力衰竭、某些中毒性疾病、中暑等。长期疾病引起的全身皮肤重度发绀，常提示预后不良。

④发红。皮肤发红多因发热等因素导致皮下毛细血管充血的结果。临床常见于热性疾病如犬瘟热、传染性肝炎、副流感等。

⑤出血斑点。广泛性或局限性皮下出血，形成皮肤红色或暗红色色斑。临床上以败血性疾病较为多见。

（2）皮肤的温度、湿度及弹性。

①温度。皮肤温度的检查常用手掌或手背触诊犬、猫的鼻镜、耳根、大腿内侧进行判定。皮温增高是体温升高、皮肤血管扩张、血流加快的结果。全身性皮温增高可见于热性病；局限性皮温增高是局部炎症的结果。全身皮温降低是体温过低的标志，可见于衰竭症、严重贫血、营养不良等，严重的脑病及中毒体温也低于正常。皮温不均多见于重度循环障碍。

②湿度。健康犬、猫的鼻镜湿润无热感。鼻镜干燥，可见于发热病及重度消化障碍与全身病。严重时可发生龟裂，提示犬瘟热等。有些犬、猫睡觉时可见鼻镜发干，醒后即湿润，为正常情况。

③弹性。检查犬、猫皮肤弹性时，常用手将其背部皮肤提成皱褶并轻轻拉起后再放开，根据其皮肤恢复原态的速度判定。皮肤弹性好的犬、猫，拉起、放开后，皱褶很快恢复、平展；恢复很慢是皮肤弹性降低的标志，除老龄犬、猫属正常皮肤弹性减退外，多见于犬、猫腹泻、呕吐引起的严重脱水，休克、虚脱以及慢性皮肤病。

（3）皮下组织检查。发现皮肤或皮下组织肿胀时，应注意肿胀部位的大小、形态，判定内容物的性状、硬度、温度、移动性及敏感性。

①皮下浮肿。多发于胸、腹下的大面积肿胀或阴囊与四肢末端的肿胀。一般局部无热、痛反应，多提示为皮下浮肿，触诊呈生面团样硬度且指压后留有指压痕为其特征。依发生原因可分为营养性、肾性及心性浮肿。营养性浮肿常见于重度贫血，高度衰竭（低蛋白血症）；肾性浮肿多源于肾炎或肾病；心性浮肿是由于心脏衰弱、末梢循环障碍并进而发生淤血的结果。

②皮下气肿。多发生于颈侧、胸侧及肘后部。边缘轮廓不清，触诊时发捻发音（"沙沙"音），压之有向周围皮下窜动的感觉。多为产气梭菌感染或气胸引起。

③脓肿、血肿及淋巴外渗。多因皮肤感染、皮下血管、淋巴管损伤引起。外形多呈圆形突起，触诊有波动感，可用穿刺法加以鉴别。

④疝。多发生于腹股沟、脐部、腹壁皮下及阴囊。触诊有波动感，初期可还纳。

三、可视黏膜检查

可视黏膜是指用肉眼能看到或借助简单器械可观察到的黏膜，如眼结膜、口鼻腔黏膜、阴道黏膜等。临床常以眼结膜或口腔黏膜的颜色代表可视黏膜的颜色。

1. 眼结膜检查的方法 用拇指和食指将宠物上下眼睑打开，在自然光线下进行检查，在灯光下对黄色不易识别，必要时可与其他部位的可视黏膜进行对照。

2. 眼结膜检查的项目

（1）眼睑及分泌物。一般老龄、衰弱的犬、猫有少量分泌物。如果从结膜囊中流出较多浆液性、黏液性或脓性分泌物，往往与侵害黏膜组织的热性病（如感冒）和局部炎症有关。眼结膜肿胀是由于炎症所引起的浆液性浸润和淤血性水肿所致。

（2）眼结膜的颜色。眼结膜下毛细血管的完整性及其中的血液数量及性质，以及血液和淋巴液中胆色素的含量均可影响眼结膜的颜色。正常时，健康犬、猫的可视黏膜湿润，有光泽，呈淡红色，猫的比犬的要深些。眼结膜颜色的改变常表现为潮红、苍白、发绀或黄疸及出血。

①潮红。表示眼结膜下毛细血管充血。单眼潮红，多为角膜炎症所致；双眼潮红，除角膜炎外，多为全身的循环状态异常所致。弥漫性潮红常见于各种热性病、肺炎、肠臌气等；黏膜呈树枝状充血，多为血液循环或心机能障碍的结果。

②苍白。眼结膜颜色呈灰白色，为各型贫血的主要特征。病犬、病猫出现急性眼结膜苍白，应考虑大创伤、内脏破裂（如肝、脾破裂）引起的内出血。而慢性消耗性疾病及营养不良等疾病往往呈现渐进性眼结膜苍白。当发生某些溶血性疾病时，初期眼结膜苍白，随即呈现不同程度的黄染。

③发绀。眼结膜呈不同程度的蓝紫色，由于血液中还原血红蛋白增多或大量血红蛋白变性而失去携氧功能的结果。常见原因有：上呼吸疾病（鼻炎、喉炎等）或肺部疾病（肺炎、肺气肿、肺水肿等）引起的缺氧。全身性瘀血导致血液经过体循环的毛细血管时，过量的血红蛋白被还原，可视黏膜呈现紫绀。某些毒物中毒、饲料中毒（如亚硝酸盐中毒等）或药物中毒，致血红蛋白变性，使可视黏膜发绀。

④黄疸。眼结膜黄染现象明显，发生黄疸时往往在巩膜处最先发现。发生黄疸的常见原因有：实质性黄疸：因肝实质的病变（如肝细胞发炎、变性、坏死），造成胆色素混入血液或血液中的胆红素增多，常见于某些传染病、营养代谢病与中毒病。阻塞性黄疸：胆管机能异常（如结石、异物、寄生虫阻塞）引起胆汁淤滞、胆管破裂，造成胆色素混入血液而发生黏膜黄染。常见于胆结石、华支睾吸虫病、胆道蛔虫等。溶血性黄疸：因红细胞被大量破坏，使胆色素蓄积并增多而形成黄疸，如血孢子虫病等。

⑤出血。眼结膜上出现出血点或出血斑是出血性素质的特征。在败血性疾病时较为多见。

四、体表浅在淋巴结检查

淋巴结是机体的屏障结构。体表浅在淋巴结的检查在诊断疾病特别是某些传染病方面有重大意义。

1. 淋巴结的检查方法 检查体表浅在淋巴结常用视诊、触诊的方法，检查时应注意其位置、大小、形状、硬度、表面状态、敏感性及可移动性（与周围组织的关系）。必要时可配合应用穿刺检查法。

2. 临床常检淋巴 犬、猫临床常检的浅在淋巴结包括：下颌淋巴结、耳下及咽喉周围的淋巴结、颈部淋巴结、肩前淋巴结、腹股沟淋巴结、乳房淋巴结等。

3. 淋巴结常见的病变 淋巴结常见的病变为急性或慢性肿胀，有时可化脓。

（1）急性肿胀。常呈急性肿大，表面光滑，质地较硬，并伴有热、痛（局部热感、敏感）反应。淋巴结的急性肿胀多与其周围组织、器官的急性感染有关。

（2）慢性肿胀。外形肿胀、质地坚硬、表面粗糙不平，常无热、痛反应，移动性差。淋巴结的慢性肿胀，在犬淋巴性白血病的早期可见全身体表淋巴结发生无热无痛的慢性肿胀。淋巴结的慢性肿胀也可见于各淋巴结的周围组织、器官的慢性感染及炎症。

（3）淋巴结化脓。外形肿胀、热、痛反应明显，触诊有明显的波动，部分淋巴结破溃后有脓性内容物流出。如配合进行穿刺，则可吸出脓性内容物。

五、体温、呼吸数及脉搏测定

体温、呼吸数、脉搏是动物生命活动的重要生理指标。正常情况下，除受外界天气及运动等环境条件暂时性影响外，一般均维持在一个较为恒定的范围内。但是，在某些致病因素作用下会发生不同程度和形式的变化。

1. 体温测定

（1）正常体温。体温测定常用的是兽用体温计，一般以测量直肠体温为标准。健康成年犬体温为 37.5～39.0℃，幼犬为 38.5～39.5℃。健康成年猫的体温为 38.0～39.0℃，幼猫为 38.5～39.5℃。

（2）测定体温的方法。测温时，先将体温计靠手腕活动来甩动，使水银柱降至 35℃以下。然后涂以滑润剂备用。在确切保定的情况下，术者站在犬、猫左侧，用左手提犬、猫起尾巴置于臀部固定，右手拇指和食指持体温计，先以体温计接触肛门部皮肤，以免犬、猫惊慌骚动。然后将体温计以回转的动作稍斜向前上方缓缓插入犬、猫直肠内。将固定在体温计后端的夹子夹住犬、猫尾部被毛，将尾巴放下。经 3～5min，取出体温计，用酒精棉球擦去黏附的粪污物后，观察水银柱上升的刻度数，即实测体温。测温完毕后，应将水银柱甩下，保存备用。

测温的注意事项：新购进的体温计在使用前应该进行矫正（一般放在 35～40℃ 的温水中，与已矫正过的体温计相比较，即可了解其灵敏度）；待就诊病犬、猫适当休息后再行测温；测温时应确保人和犬、猫安全；体温计插入的深度要适当，以免损伤犬、猫直肠黏膜；当直肠有宿粪时，应促使犬、猫排便，排便后再行测温；在肛门弛缓、直肠黏膜炎及其他直肠损害时，可选择犬、猫的腋下温作为参考，对母犬、猫可在阴道内测温（较直肠温度低 0.2～0.5℃）。

（3）体温的变化。犬、猫体温变化包括生理性体温变化和病理性体温变化两种。

①生理性体温变化。健康犬、猫的体温受某些生理因素的影响，可引起一定程度的生理性变动：首先是年龄因素的影响，通常幼龄犬、猫比成年犬、猫高。其次，性别、品种、营养及生产性能等，对体温也有一定影响。一般母犬、猫于妊娠后期及分娩之前体温稍高。此外，犬、猫的兴奋、运动，以及采食、咀嚼活动之后等，可使其体温呈暂时的一时性升高（0.1～0.3℃）。至于外界天气条件（温度、湿度、风力、风速等）和地区性的影响，不仅可表现为季节性的变化（一般夏季外界温度高时体温稍高，冬季外界气温低时体温稍低）或地区性的差异，甚至高温夏季长期受日光直射或在密闭且通风不良的条件下可引起中暑；相反，冬季室外条件下，特别瘦弱的个体，体温可低于常温。一般健康犬、猫的体温昼夜的变动，晨温较低，午后稍高，其昼夜温差变动在 1.0℃ 之间。在排除生理的影响之后，体温的增、减变化即为病态。某些疾病时，在临床上其他症状尚未显现之前，体温升高即先出现，所以测量体温可以早期发现患病犬、猫，做到早期及时诊断。

②病理性体温变化。发热是指由干热源性刺激物的作用使体温调节中枢的机能发生紊乱。产热和散热的平衡受到破坏，产热增多而散热减少，从而体温升高，并呈现全身症状，称为发热。

15

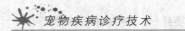

热候。发热时除体温升高外，还伴有其他的临床症候群，称为热候。犬、猫机体的发热是一种复杂的全身性适应性防御反应。轻度发热，由于吞噬作用增强，抗体形成加快，白细胞中酶的活性升高以及肝解毒机能旺盛，从而对机体产生良好的作用。但异常高热，或持久微热，必然对机体的各器官系统造成危害。

发热的类型。发热可按发热程度以及体温曲线波形进行分类。

根据发热程度，可分为以下 4 种：

微热：体温升高超过正常体温 0.5～1℃，见于局部炎症，一般消化障碍。

中热：体温升高 1～2℃，见于一般性炎症过程、亚急性和慢性传染病，如胃肠炎、小叶性肺炎。

高热：体温升高 2～3℃，见于急性传染病和广泛性疾病，如犬瘟热、大叶性肺炎、败血症。

过高热：体温升高 3℃以上，常见于重剧的急性传染病，如脓毒败血症。

根据体温反应的曲线波型可分以下 3 种：

稽留热：高热持续 3d 以上，每昼夜的温差在 1℃ 以内。见于犬瘟热、犬传染性肝炎等。

弛张热：体温在每昼夜内的变动范围为 1～2℃，或 2℃以上，而不降到常温。见于许多化脓性疾病、败血症。

间歇热：在疾病过程中，发热期和无热期交替出现，有热期短，而无热期不定。见于巴贝斯虫病等。

许多热性病都具有特殊的体温曲线，对疾病的鉴别诊断具有相应的意义。

体温低下。机体散热过多，或产热不足，导致体温降至常温以下，称为体温低下（体温过低）。病理性低体温见于休克、心力衰竭、中枢神经系统抑制（如脑炎、中毒、全身麻醉）、高度营养不良、衰竭及濒死期。

2. 呼吸频率测定 根据犬胸腹部的起伏动作可测定呼吸频率，一起一伏为 1 次呼吸。也可将手背放在犬鼻孔前方，感觉呼出的气流，呼出 1 次气流为 1 次呼吸。在冬季还可直接观察呼出的气流。成年犬的呼吸频率为 10～30 次/min，幼犬呼吸频率可能更快，吸气时间约是呼气时间的 2 倍。同时注意呼吸类型，健康成年犬呈胸式呼吸，幼犬为胸腹式呼吸。腹式呼吸提示胸部器官有病，如肺炎、心包炎、肋骨骨折、胸膜炎等。

呼吸频率受很多因素影响，如犬的品种、性别、年龄、营养、气温、湿度、海拔高度，还有运动及外界环境等。所以，健康犬呼吸频率的变动范围很大。

呼吸频率加快见于发热性疾病，如各种肺病、心脏病、贫血、大失血、胃扩张、肋骨骨折及腹膜炎等。呼吸频率降低多见于中毒病、重度代谢紊乱、上呼吸道狭窄、尿毒症和某些脑病（脑炎、脑肿瘤、脑水肿）等。

3. 脉搏测定 检查脉搏需在安静状态下进行，否则脉搏数偏高。

（1）检查方法。通常在犬、猫后肢股内侧的股动脉处检查。检查者站在犬、猫的侧后方，一手握后肢，一手伸入股内，以手指肚轻压动脉检查。检查脉搏要注意脉搏的频率、脉性和脉搏的节律。健康成年犬的脉搏数为 68～80 次/min，幼犬为 80～120 次/min。

（2）脉搏数的病理变化。脉搏增数多见于热性病、贫血及心脏衰弱等；脉搏减数主要见于某些脑病及中毒病，脉搏数明显减少提示预后不良。

任务四　心脏血管系统检查

◈ **目的要求**

　　熟练掌握宠物心血管系统检查方法，并了解操作过程中应该注意的问题。

◈ **器材要求**

　　器械：绷带、口套、听诊器、血压计。

　　实验动物：犬、猫。

◈ **学习场所**

　　宠物疾病临床诊疗中心或宠物门诊。

学习素材

一、心搏动检查

心搏动是指在心室收缩时，由于紧张心肌的冲动，心脏部位的胸壁发生的振动。

1. 心搏动检查的方法　检查心搏动一般在左侧进行。犬、猫的心搏动在左侧第 4～6 肋间胸廓的下 1/3 处明显，而以第 5 肋间最为明显。

　　一般通过视诊和触诊的方法检查心搏动。视诊时，在健康的犬、猫可见相应心区的胸壁发生有节律的跳动。触诊时，先由助手握住犬、猫左前肢并向前方提举，然后检查者再将左手掌置于心区进行触诊，必要时，检查者可用双手同时从两侧胸壁进行触诊。

　　检查心搏动时，应注意其强度、位置、频率各方面的变化，心搏动的强度主要受心脏的收缩力量、心脏大小与位置、胸壁厚度、心脏与心壁之间的介质状态等因素的影响。所以，在考虑是否存在异常的心搏动时，必须要排除正常条件下一些因素（如营养状况、年龄、神经类型，运动、兴奋与恐惧等）对心搏动强度的影响。

2. 异常的心搏动

　　（1）心搏动增强。触诊时感到心搏动强而有力，并且区域扩大。一般由引起心脏机能亢进的疾病导致，主要见于热性病初期、心脏病（如心肌炎、心内膜炎、心包炎）的代偿期、贫血性疾病及伴有剧烈疼痛的疾病。

　　心搏动过度增强，并伴有整个体壁的震动，称为心悸。

　　（2）心搏动减弱。触诊时感到心搏动力量减弱，并且区域缩小，甚至难以感知。一般是由引起心肌收缩无力的疾病（见于心脏病的代偿机能降低时）、胸壁与心脏之间的介质状态改变（见于胸壁水肿、胸膜炎、胸腔积液、慢性肺泡气肿、心包炎等）所导致。

　　（3）心搏动移位。是由于心脏受邻近器官、渗出液、肿瘤等的压迫，而造成心搏动位置的改变。表现形式有向前移位，见于胃扩张、腹水、膈疝等；向右移位，见于左侧胸腔积液等。

　　（4）心区压痛。触诊心区胸壁的肋间部，可发现犬、猫对触压呈敏感反应，强压时表现回顾、躲避、呻吟，反映出患有心包炎、胸膜炎等。但要排除敏感犬、猫的反抗表现，以免混淆。

二、心脏的叩诊

通过心脏叩诊，可以判定心脏的大小、形状及其在胸腔内的位置，并能判断出心区是否出现敏感反应。

1. 心脏叩诊的方法 叩诊时先由助手提举犬、猫左前肢，充分暴露心区。根据犬、猫的大小可分别采用指指叩诊法或板锤叩诊法。叩诊时沿着肋间从上向下叩诊，在每个肋间叩诊时，在由肺的清音过渡为半浊音处，分别作出记号，连成一条曲线，即为心脏相对浊音区的后上界；在由半浊音过渡为浊音处，分别作出记号，连成一条曲线，即为心脏绝对浊音区的上界。根据这种叩诊方法，可以确定具体的心脏叩诊区。

2. 心脏浊音区 心脏前部为肩胛肌肉所掩盖，而延伸到肩胛肌肉后方的部分还不到心脏的一半，直接与胸壁接触的只是心脏的一小部分，叩诊这一部分时，呈浊音，这就是心脏的绝对浊音区，标志着心脏靠近胸壁的部分。心脏的大部分被肺掩盖，叩诊这一部分时，呈半浊音，这就是心脏的相对浊音区，标志着心脏的真正大小。

犬、猫的心脏浊音区：心脏的绝对浊音区，位于左侧第4～6肋间，前缘达第4肋骨，上线达肋骨和肋软骨结合部，大致与胸骨平行，后缘受肝浊音的影响而无明显界限。

3. 心脏叩诊所发现的病理变化

（1）心脏浊音区扩大。由于心脏容积增大（见于心肥大、心扩张）及心包容积增大（见于心包积液、心包炎），使心脏相对浊音区扩大。由于肺萎缩，造成心脏被肺覆盖的面积缩小，使心脏绝对浊音区扩大。

（2）心脏浊音区缩小。由于肺泡气肿及气胸，使心脏被掩盖或包围的面积增大，所以心脏绝对浊音区缩小，由于肺萎缩及掩盖心脏的肺叶发生实变，使心脏的相对浊音区缩小。

（3）心区敏感。提示心包炎或胸膜炎。

三、心音听诊

1. 正常心音 在健康犬、猫的每个心动周期中，可以听到"嗵—嗒"有节律交替出现的两个声音，称为心音。前一个是低而浊的长音，即第一心音，后一个是稍高而短的声音，即第二心音。

（1）第一心音。发生于心室收缩期，故称为缩期心音。第一心音是在心室收缩时，主要由两个房室瓣（二尖瓣、三尖瓣）突然关闭的振动所形成，其他次要因素有心房收缩的振动、半月瓣开放和心脏射血而冲击大动脉管壁所产生的振动等。

（2）第二心音。发生于心室舒张期，故称为张期心音。主要是由于心室舒张时，两个半月瓣突然关闭的振动所形成，其他次要因素有心室舒张时的振动、房室瓣开放和血流的振动等。

2. 心脏听诊的方法和部位 先由助手提举犬、猫左前肢，充分暴露心区。通常于左侧肘头后上方心区部听取，必要时在右侧心区听诊，加以对比。在心区的任何一点，都可以听到两个心音，但由于心音是沿着血流的方向传导到前胸部的一定部位，那么在这个部位听诊时，心音最为清楚，该部位就是心音的最强听取点。在临床上，通常利用心音的最强听取点来确定某一心音增强或减弱，并判断心杂音产生的部位。

犬的心音最强听取点：二尖瓣口第一心音，左侧第5肋间，胸廓下1/3的中央水平线上；三尖瓣口第一心音，右侧第4肋间，肋软骨固着部上方；主动脉口第二心音，左侧第4肋间，肩关节水平线直下方；肺动脉口第二心音，左侧第3肋间，靠胸骨的边缘处。

3. 心音异常　对心音是否发生异常，要从频率、强度、性质及节律各方面加以考虑。

（1）心音节律的改变。

①窦性心动过速。由于窦房结频繁发出的兴奋向外扩散传导，引起整个心脏的兴奋和收缩，表现为心率均匀而快速。一般见于热性病，心功能不全，伴有剧烈疼痛性的疾病，贫血或失血性疾病，迷走神经麻痹时。心率越来越快，往往是心脏储备力不良的标志。

②窦性心动过缓。表现为心率均匀而缓慢，一般见于迷走神经兴奋（如内高压、胆血症、洋地黄中毒等）、心脏传导功能障碍时。

③窦性心律不齐。冲动从窦房结发出，但其发生的速率不一致，而引起心率在较短时间内，出现增快与减慢的交替现象。

④期前收缩（过早搏动，期外收缩）。期前收缩是由窦房结以外的异位兴奋灶发出的过早兴奋而引起比正常心搏动提前出现激起心脏产生一次收缩而形成。期前收缩经常取代了该次应发生的正常收缩，因而在其后面有一个比平常延长的间歇期，称为代偿间歇期。

期前收缩的诊断意义：频繁的、有规律的、多发性期前收缩常为病理性的，见于器质性心脏病、心力衰竭，缺钾及药物中毒（如洋地黄、锑制剂、肾上腺素）等。

（2）心音强度的改变。心音强度由本身的强度与心音向外传导的介质状态所决定。影响心音本身强度的因素包括心肌收缩力、瓣膜紧张度（迅速达到紧张，则心音强；缓慢紧张，则心音弱）、心室充盈度、循环血量及血液成分等；影响心音传导介质状态的因素，包括胸壁厚度、胸膜腔与心包状态、肺心叶的状态、心脏位置等。判定心音强度时，必须在心尖部和心基底部进行对比听诊，才能得到准确结果。心者强度的变化表现为两个心音同时增强或减弱，也可以表现为某一心音的增强或减弱。

①心音增强。

第一、二心音同时增强：当心肌收缩力加强，心脏排血量增多时，两个心音都增强。病理性的心音增强见于心脏病的代偿期、非心脏病的代偿适应反应（如发热、贫血、应用强心剂等）及心脏周围肺组织的病变（肺萎缩、无气肺）。

第一心音增强：见于心肥大、贫血及二尖瓣口狭窄等。

第二心音增强：见于急性肾炎、左心室肥大、肺淤血、慢性肺泡气肿及二尖瓣闭锁不全等。

②心音减弱。

两心音同时减弱：多见于心脏衰弱的后期、其他疾病的濒死或心音传导不良的疾病（渗出性心包炎、胸膜炎和慢性肺泡气肿）。

第一心音减弱：临床比较少见，见于在心肌梗死或心肌炎的末期，以及房室瓣钙化等。

第二心音减弱：多见于大失血、严重脱水、休克、主动脉瓣闭锁不全及主动脉瓣口狭窄等。

（3）心音性质的改变。心音性质改变有以下几种。

①心音混浊。即心音不纯、低浊、含糊不清，两个心音缺乏明显的界限。主要是由于心肌变性或心肌营养不良、瓣膜病变（肥厚、硬化等），使心肌收缩无力或瓣膜活动不充分而引起的。见于热性病、贫血，高度衰竭症等。

②胎性心音。前一个心动周期的第二心音与下一个心动周期的第一心音之间的休止期缩短，而且第一心音与第二心音的强度、性质相似，心脏收缩期和舒张期时间也略相等，加上心动过速，听诊时酷似胎儿心音。又因为类似钟摆"滴答"声，故称"钟摆律"，提示着心肌损害。

4. 心音分裂　第一心音或第二心音分裂成两个声音。这两个声音的性质与心音完全一致，称为心音分裂。

（1）第一心音分裂。第一心音分裂的原因，是左、右心室收缩有先有后，二尖瓣和三尖瓣关闭则有早有晚造成的，见于传导阻滞。

（2）第二心音分裂。第二心音分裂的原因，是主动脉瓣、肺动脉瓣关闭不同时造成的，见于主动脉高压或肺动脉高压。

5. 心脏杂音　心脏杂音是与心脏活动相联系，在心音以外的附加声音，这种声音可与心音完全分开，也可以与心音相连，甚至完全掩盖心音。

心杂音的音性与心音完全不同，呈吹风样、锯木样、哨音、皮革摩擦音等。心杂音对心脏瓣膜疾病和心包疾病的诊断具有重要意义。

（1）心内性杂音。心内性杂音指心脏运动时产生的杂音。

①杂音产生的因素。

血液黏稠度降低：当血液稀薄时，容易形成血流漩涡，如贫血时，可出现"贫血性杂音"。

血流速度加快：运动、发热、兴奋、甲状腺机能亢进时均能使心排血量增加，血流速度加快，而产生杂音或使原有的杂音增强；发生心力衰竭时，心肌收缩力明显减弱，血流速度缓慢，可以使原有的杂音减弱或消失。

大血管狭窄：当血流通过血管狭窄部时，即产生漩涡。在一定程度内，狭窄愈严重，漩涡愈明显，杂音愈响亮，如见于主动脉缩窄。

大血管扩张：漩涡容易产生在管腔有突然扩张的部位，如见于肺动脉高压、高血压引起的主动脉扩张，主动脉瘤等。

瓣膜口狭窄：血流通过狭窄的瓣膜口，同样易产生漩涡。在一定限度内，狭窄程度愈明显，漩涡愈多，漩涡的速度也愈大，杂音也愈响亮，如见于房室瓣口及半月瓣口狭窄。

瓣膜闭锁不全：血流通过闭锁不全的瓣膜时，向后返流，易产生杂音，如见于房室瓣闭锁不全。

②杂音性质。杂音的性质有柔和与粗糙之分，柔和的杂音如吹风样（吹风样来音），粗糙的杂音如隆隆的滚筒音（滚筒样杂音）、雷鸣声（雷鸣样杂音）、锯木声等。

③杂音的分类。可分为器质性心内杂音和非器质性心内杂音。

（2）心外性杂音。发生在心腔以外的杂音。

①心包摩擦音。当心包腔的相对膜面上由炎性渗出物、结缔组织增生及钙化物沉着而变粗糙时，随着心脏搏动，引起两层粗糙膜面发生摩擦，出现杂音。杂音与呼吸运动无关，在心收缩期和舒张期都能听到，而以收缩期较明显，呈局限性，常在心尖部明显，较

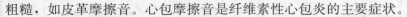

粗糙，如皮革摩擦音。心包摩擦音是纤维素性心包炎的主要症状。

②心包拍（击）水音。当心包腔内蓄积液体时，随着心脏收缩而引起震荡，即发生拍（击）水音，类似振动盛有半瓶液体的玻瓶时发出的声音，或如倾注液体声，一般由心收缩期移行到心舒张期。见于心包炎、心包积水。

四、动脉压测定

1. 正常动脉血压　动脉压是指动脉管内的压力，简称血压。血压是血管内血液作用于血管壁的侧压。心室收缩时，血液急速流入动脉，动脉管达到最高紧张度时的血压，即最高血压，称为收缩压。收缩压主要受心脏收缩力的支配。心室舒张时，主动脉瓣关闭，动脉血压逐渐下降，血液流向周围血管系统，动脉管的紧张度降到最低时的血压，即最低血压，称为舒张压。舒张压主要由周围血管的阻力所决定。此外，大动脉管壁的弹性、循环血量和血管容量及血液的黏滞性密切相关，也影响着血压的变动。收缩压与舒张压之差，称为脉压。

健康犬的最高血压为 $14.39 \sim 22.52kPa$，平均为 $19.7kPa$；最低血压为 $9.99 \sim 16.26kPa$，平均为 $13.31kPa$。健康猫的最高血压为 $20.66kPa$，最低血压为 $13.3kPa$。

一定的血压水平是保证各器官血液供应的必要条件。如果血压过低，组织得不到充足的血液，则新陈代谢无法进行；如果血压过高，在心脏射血时遇到更大的阻力，无形中会增加心脏负担，长此下去，则会引起心脏的代偿适应反应，以致心力衰竭。

2. 测定血压的方法

（1）测定部位。以股动脉最为方便，也可在犬、猫前肢的正中动脉测定。

（2）方法。常用的血压计有水银柱式、弹簧式两种，弹簧式血压计携带和使用较为方便。犬、猫进行站立保定。将血压计的袖带（橡皮气囊）缠绕于其尾根部（股部）。

用听诊法测定时，袖带的松紧度以能塞入听诊器的胸件为宜。将听诊器胸件固定在股动脉搏动最明显处。关闭气压表上的阀门后，开始向袖带内充气，当气压表指针接近 $26.66kPa$ 时，停止充气。小心扭开阀门缓慢放气（以指针每秒钟下降 $2 \sim 3$ 个刻度为宜），当指针逐渐下降到能听到第一个声音时，计压表指针所指刻度即为收缩压，随着缓缓放气，听到的声音逐渐加强，以后又逐渐减弱，并且很快消失，在声音消失前瞬间，计压表上指针所指刻度即为舒张压。

测定后的报告方式为：收缩压/舒张压，如 $14.39/9.99kPa$。

（3）注意事项。测定血压时应该注意，犬、猫要保持安静，尽量避免其骚动不安，避免肢体移动，使袖带内压力发生变化，影响测定结果。目前所用的人用血压计，其袖带设计不适应于犬、猫测压部位的缠绕，松紧度难以掌握，如袖带较松，则所测舒张压偏高，如袖带过紧，则所测舒张压偏低，应调整袖带松紧度，力求得到准确度较高的血压值，反复测定 $3 \sim 4$ 次，并取其平均值。要求熟练掌握测定方法。

（4）血压的病理改变。能导致心肌收缩力大小、心脏搏出量多少、外周血管阻力大小及动脉壁弹性高低发生病理改变的因素就可能使血压出现异常变化。

①血压升高。见于剧烈疼痛性疾病、热性病、左心室肥大、肾炎、动脉硬化、铅中毒、红细胞增多症、输液过多等。

②血压降低。见于心功能不全、外周循环衰竭、大失血、慢性消耗性疾病等。

任务五　呼吸系统检查

◇ **目的要求**

　　熟练掌握呼吸系统检查的常用方法，并了解操作过程中应该注意的问题。

◇ **器材要求**

　　器械：绷带、口套、听诊器、放大镜、开张器、叩诊锤。

　　实验动物：犬、猫。

◇ **学习场所**

　　宠物疾病临床诊疗中心或宠物门诊。

学习素材

一、呼吸动作检查

（一）呼吸类型

　　呼吸类型即宠物呼吸的方式。检查时，应注意犬、猫呼吸过程中胸廓和腹壁起伏动作的协调性及强度。吸气时胸廓及腹壁开张，呼气时胸廓及腹壁收缩，这种呼吸形式，称为胸腹式呼吸或混合式呼吸。呼吸时，胸廓运动占优势，叫做胸式呼吸，健康犬、猫进行胸式呼吸。呼吸时，腹壁运动占优势，叫做腹式呼吸，见于胸膜炎、肋骨骨折、肋间肌炎、胸水、心包炎及严重的肺气肿等疾病。

（二）呼吸节律

　　健康宠物吸气后立即呼气，之后有一极短的间歇，再吸气，这是正常而有节律的呼吸。吸气和呼气的时间比例，犬 1∶1.64。呼吸节律的改变，主要有下列几种：

　　1. 吸气延长　其特征是吸气的时间显著延长。这是由于空气进入肺发生障碍的结果，常见于上部呼吸道狭窄。

　　2. 呼气延长　其特征是呼气时间显著延长。这是由于肺中空气排出受到阻碍，呼气动作不能顺利进行，主要见于细支气管炎症和慢性肺泡气肿等。

　　3. 断续性呼吸　又称间断性呼吸，即吸气或呼气时将一个连续的动作分解为两次或两次以上的动作来完成，这是由于患病犬、猫为了缓解胸部疼痛，将吸气分为多次进行，或一次呼气不能将肺内气体排出，而又进行额外呼气动作所致。见于细支气管炎、慢性肺泡气肿、胸膜炎伴有疼痛的胸腹部疾病。

　　4. 陈施二氏呼吸　又称潮式呼吸，是不整呼吸的代表。特点为呼吸短促，节律反常。呼吸开始逐渐加强、加深、加快直达高峰，然后又逐渐变弱、变浅、变慢，短时休止后，又反复发生。这是呼吸中枢严重缺氧（供氧不足）、兴奋性降低所致。当缺氧加重和二氧化碳急剧增多，发展到一定程度时，才能刺激衰弱的呼吸中枢，使呼吸恢复和加强；当积聚的二氧化碳逐渐呼出，衰弱的呼吸中枢又失去有效刺激，呼吸又再减弱乃至暂停，从数秒至数十秒不等。在较长的呼吸间隙中，患病犬、猫意识障碍，瞳孔反应消失。见于心力衰竭、脑炎、尿毒症、肺炎、中毒等。

5. 毕欧特氏呼吸　又称间歇呼吸，表现为深度正常或稍加强的呼吸与呼吸暂停（数秒至数十秒）相交替，是呼吸中枢兴奋性显著降低的表现，较潮式呼吸更为严重。主要见于脑膜炎，所以又称脑膜炎性呼吸，还可见于尿毒症等。

6. 库斯茂尔氏呼吸　又称大呼吸，其特征是呼吸运动显著深长（呼气与吸气两个动作持续的时间均延长），呼吸数减少，甚至减少到3～4次/min，但无呼吸中止期，混有呼吸杂音（啰音、鼾声），常见于代谢性酸中毒，如糖尿病、酮症、尿毒症等，这是由于酸性产物强烈地刺激呼吸中枢，从而产生深而慢的呼吸。另外，本型呼吸还可见于濒死期。

（三）呼吸困难

如果呼吸特别费力，呼吸数、呼吸类型及呼吸节律发生变化，则为呼吸困难。检查时应注意观察犬、猫的姿态和呼吸活动。健康犬、猫呼吸时，自然而平顺，动作协调而不费力，呼吸频率相对正常，节律整齐，肛门无明显的抽动。呼吸困难依其发生的原因及表现，可分为下列3种。

1. 吸气性呼吸困难　表现为吸气时间延长，前肢分开，站立不动，颈平伸，胸廓扩展，严重时呈张口吸气。常见于上部呼吸道高度狭窄，如鼻腔、咽喉的炎性肿胀或被肿瘤压迫等疾病。

2. 呼气性呼吸困难　表现为呼气延长而且紧张，呼气末期腹肌强力收缩，沿肋骨端形成喘线（又称息劳沟），肷部及肛门突出。常见于慢性肺泡气肿、弥散性毛细支气管炎、肺炎和胸膜炎等疾病。

3. 混合性呼吸困难　呼气及吸气均困难，且伴有呼吸次数增加，是临床上最常见的一种呼吸困难。有肺源性呼吸困难，可见于各种呼吸系统疾病，如支气管炎、肺炎、肺水肿、肺泡气肿、胸膜疾患、胸腔积气、气胸等；心源性呼吸困难，可见于心功能不全，如心脏衰弱及心包炎等；血源性呼吸困难，如重度贫血、大出血和休克等（致机体缺氧）；腹压增高性呼吸困难，如急性胃扩张、急性肠臌气、肠变位、腹腔积液等，生理性情况可见于犬、猫妊娠后期（胎儿压迫及胎儿需氧增多）；中毒性呼吸困难，如亚硝酸盐中毒、氰化物中毒、尿毒症、酮血病和重症胃肠炎等病症引起的代谢性酸中毒等；中枢神经性呼吸困难，如脑积水、脑炎、脑出血、脑肿瘤、脑膜炎、破伤风等。

二、上呼吸道检查

（一）呼出气体的检查

呼出气主要检查呼出气流的强度、温度及气味三项。健康犬、猫呼气时两鼻孔气流相等、温度一致，呼出气无特殊臭味。

1. 呼出气强弱的检查　在冬季可观察呼出气流的长短，其他季节可将手背放在宠物鼻孔前面，以感觉呼出气流的强弱。两鼻孔呼出气流不一致或只用一鼻孔呼吸时，是鼻道狭窄或堵塞的结果。此时，多伴有鼾声或吸气性呼吸困难。这种现象常见于鼻黏膜炎症、肥厚、肿胀，腔窦蓄脓症及头部骨质疾病等。

2. 呼出气温度的检查　可把手背放在宠物鼻孔前边以感觉呼出气的温度。呼出气温度增高，常见于热性病及呼吸道炎症；温度降低，常见于虚脱和临死前体温下降。

3. 呼出气气味的检查　肺或呼吸道内腐败化脓时，呼出气有恶臭味，鼻腔、副鼻

23

腔、气管的假膜性炎症，鼻甲骨坏疽、龋齿、齿槽化脓或坏死、肺坏疽等病，都有这种气味。嗅到呼出气有臭味时，要仔细追查原因，闭口有臭味真正来源是呼出气。如由齿槽或牙齿疾病引起的，则口腔有病变。如由鼻道引起，常只有一个鼻孔有臭味；如两个鼻孔都有臭味，则多为喉、气管或肺有病变。如由腭窦或骨疾患引起，则颜面常肿大变形。

（二）鼻液的检查

犬、猫的鼻端有特殊的分泌结构，健康者常呈湿润状，热性病和代谢紊乱时鼻端干燥有热感，正常情况下在睡觉和刚睡醒时鼻尖也干燥，要注意区别。鼻液由呼吸道黏膜的分泌物、炎性渗出物、剥脱上皮或崩解组织及流至呼吸道内的血液、唾液、食物、饮水和呕吐物等所组成。健康犬、猫一般不见鼻液流出，冬季可能会有少量浆液性鼻液。检查时，首先要观察犬、猫有无鼻液，检查鼻液应注意下列各项：

1. 一侧性或两侧性 如果仅一个鼻孔有鼻液，则这个鼻孔或这一侧鼻旁窦有病变。两侧有鼻液是两侧鼻腔、咽喉、气管、支气管或肺的疾病。

2. 鼻液的性状

（1）浆液性鼻液。鼻液无色透明如水样，可见于呼吸道粘膜急性炎症初期、感冒和犬瘟热初期等。

（2）黏性鼻液。鼻液黏稠蛋清样或灰白色不透明，内含多量黏液（白细胞和脱落上皮细胞），呈牵丝状，见于呼吸道黏膜炎症中期或恢复期，如急性气管卡他。

（3）脓性鼻液。鼻液黏稠、混浊、不透明，呈黄色、灰黄色或黄绿色，内含许多白细胞和黏液，见于呼吸道粘膜急性炎症后期、副鼻窦炎、支气管或肺的化脓症、急性气管卡他（末期）、齿槽脓漏引起的上腭窦炎等。

（4）血性鼻液。鼻液中混有血液，见于鼻黏膜外伤、鼻腔寄生虫或异物、鼻黏膜溃疡、鼻腔内肿瘤、急性鼻卡他（初期）、肺水肿等病，大都有红色浆液性鼻液。出血部位不同鼻液颜色也不同，鼻出血鲜红呈滴状或线状；肺出血则两侧鼻液鲜红，含小气泡；胃出血则呈暗红色。

（三）鼻黏膜的检查

犬、猫鼻腔较为狭窄，检查时应用鼻镜较为合适。正常鼻黏膜为蔷薇红色或淡青红色，常湿润光泽，黏膜表面有小点状凹陷时，颜色常浓淡不匀。检查时，应注意鼻黏膜颜色、有无肿胀、疱疹、破损、溃疡及其状态。一般鼻黏膜病变如下。

1. 颜色 患急性卡他性炎症时，呈弥漫性潮红；患慢性炎症或贫血，呈苍白色；败血症、炭疽、血小板减少性紫癜或中毒等疾病，黏膜呈点状出血斑；呼吸困难时，黏膜颜色发绀。

2. 肿胀 患急性炎症的犬、猫，鼻黏膜表面一般肿胀、紧张而干燥；患慢性炎症的犬、猫，黏膜表面肿胀、肥厚。鼻腔有瘤或附近骨质病变、窦内蓄脓时，鼻道狭窄。

3. 黏膜损伤 多为外物刺破的结果。患结核时有疱疹或结节。

（四）颜面附属窦

颜面附属窦检查时，应注意颜面的形状、窦内有无其他物质及其性质等。

（1）患骨软症、骨纤维化症时，颜面骨常膨隆变形；窦内长期蓄存渗出液时，也能引起颜面骨膨隆。前者多为两侧同时变形，后者有时只限于一侧，伴有炎性征候。

（2）窦内积有渗出液，叩诊呈浊音；如果是脓液，叩诊音更浊，此时，常伴有一侧下颌淋巴结肿胀，并有鼻液及其他症状。必要时可用穿刺检查内容物。

（五）喉部及气管

常用视诊和触诊判定其肿胀、变形、增温及敏感程度，有时听诊喉部音响，也可以判断喉腔及声门的状态。通常利用喉镜进行喉的内部检查，主要观察喉黏膜是否充血、肿胀，及有无异物、肿瘤等。

1. 视诊　犬、猫可由口腔利用反射镜检诊咽喉腔内部的状态。可发现喉部的肿胀，如皮肤和皮下组织的炎性浸润，见于炭疽、巴氏杆菌病等。

2. 触诊　可以确定喉及器官的肿胀、疼痛和增温的程度。如为炎性肿胀时，犬、猫因患部疼痛，逃避触诊，抗拒不安。腮腺、咽喉及附近淋巴结发生炎症时，多引起咽喉部肿胀，并有增温、敏感等炎性征候。气管附近器官发炎或有其他病变（如颈部淋巴结肿胀、颈静脉及其周围的炎症、食道内异物阻塞等）时，能压迫气管，引起呼吸困难。

3. 听诊　在听诊健康犬、猫喉和气管时，可听到类似"赫"的声音，称为喉呼吸音。此种声音是由于空气通过狭窄的声门时而发出的。喉呼吸音传至气管，称为气管呼吸音。当喉或气管的黏膜发生炎症时，由于粘膜肿胀和炎性分泌物，此时喉或气管听诊，可听到干啰音或湿啰音。分泌物黏稠时为干啰音，即吹哨音或咝咝音；分泌物稀薄时为湿啰音，即呼噜声。患咽喉炎性肿胀、声门水肿时，听诊喉部，能听到喉头狭窄音。

（六）咳嗽检查

咳嗽是一种保护性的反射动作，气管内有炎性分泌物或吸入异物尘埃等，可借咳嗽反射而排出体外。烟、刺激性气体或寒冷空气，也往往引发咳嗽。患胸膜炎，特别是喉头、气管、支气管发生炎症，容易发生咳嗽。例如，患慢性支气管卡他、肺泡气肿等的犬、猫，常早晨咳嗽。气道内有异物（饲料、肺线虫、药物、羽毛或柳絮等）也会引发咳嗽。检查咳嗽时，可向犬、猫主人了解患病犬、猫有无咳嗽及咳嗽性质，也可听取患病犬、猫自发的咳嗽，必要时也可用人工诱咳法帮助检查。

1. 人工诱咳　检查者一手的拇指放于犬、猫喉头与第1～2气管环，其余手指放于对侧，轻加捏压，并向上方提举，即可引起犬、猫咳嗽。如果不咳，可再进行2～3次。如犬、猫颈部肥厚，一手不能握住时，可用两手同时自两侧压迫。

2. 咳嗽检查　检查咳嗽时要注意咳嗽的性质、频度、强度和疼痛反应。

（1）性质。分干咳和湿咳。

①干咳。气管内分泌物极少或急性炎症初期黏膜肿胀干燥时，发生干咳。咳嗽力强，声音清脆，持续时间短，无痰或有少量黏稠渗出物。见于急性喉气管炎初期、慢性支气管炎、早期结核、胸膜炎、喉和气管异物等。

②湿咳。气管内混有多量分泌物，发生湿咳。湿咳的声音较低而钝浊，持续时间长。由于有痰液咳出，往往随着咳嗽动作从鼻孔喷出多量渗出物，或咳嗽后出现吞咽动作，表示呼吸道有多量稀薄渗出物。常见于慢性炎症或急性炎症的末期，如咽喉炎、肺脓肿、支气管肺炎、支气管炎、肺坏疽等。

（2）频度。

①单发咳嗽。每次仅出现一两声咳嗽，也称为稀咳，常常反复发作而带有周期性，见于感冒、肺结核等。另外，呼吸道内有少量异物或分泌物（痰）也引起咳嗽，异物咳出则咳嗽停止。

②连续性咳嗽。咳嗽反复连续发作，一次十几到几十声，也称为频咳，见于急性喉

炎，传染性上呼吸道卡他等，严重时可变为痉挛性咳嗽。

③发作性咳嗽。具有突然性和暴发性，咳嗽剧烈而痛苦且连续不断，表示呼吸道黏膜遭受强烈的刺激，或刺激因素不易排除，也称痉挛性咳嗽。常见于异物进入上呼吸道及异物性肺炎等。

（3）强度。

①强咳。是喉和气管黏膜受刺激所发生的咳嗽，咳嗽强有力，炎症初期（尤其上呼吸道的急性炎症）或无痛而分泌物黏稠时，则引发强咳，可推知肺的弹性无异常，见于喉炎和气管炎等。

②弱咳。是细支气管黏膜受到刺激而发生的咳嗽，肺的弹力减弱，呼气时肌肉收缩无力或感到疼痛，咳嗽弱而无力，见于肺炎、肺气肿、胸膜炎和全身性衰弱等。发生断续的弱咳，见于胸膜炎、喉黏膜的重性炎症。

（4）痛咳。咳嗽时伴有疼痛，咳声短而弱，咳嗽时犬、猫多不安、头颈前伸或摇头时做咽下状或呻吟以示疼痛，见于急性喉炎、喉水肿、异物性肺炎等。

（七）喷嚏和打鼾

1. 喷嚏　为一种保护性的反射性动作，当鼻黏膜受到刺激时，反射性地引起暴发性呼气，震动鼻翼产生的一种特殊的声音。常见于鼻炎或鼻腔内进入异物等。

2. 打鼾　鼾声是一种特殊的呼噜声，多为鼻黏膜肿胀、肥厚导致鼻道狭窄而张口呼吸时，软腭部常发生强烈的震颤而发生鼾声，主要由鼻炎引起。短吻犬在正常情况下也会打鼾，要注意鉴别。

三、胸部检查

（一）胸廓视诊

胸廓视诊主要观察胸廓的形状及其被毛和皮肤的变化。健康犬、猫的胸廓形状和大小依犬、猫的品种、年龄、营养及发育状况而有很大差异，但胸廓两侧应对称，脊柱平直，肋骨膨隆，肋间隙的宽度均匀，呼吸亦匀称。病理情况下，可有以下变化。

1. 胸廓扩大　胸部两侧扩大，横径增加，呈桶状，称为桶状胸，常见于重症慢性肺气肿。

2. 胸廓缩小　胸廓狭窄而扁平，横径狭小，呈扁平状，称为扁平胸，见于骨软症、营养不良的犬、猫。

3. 两侧胸廓不对称　可见于单侧性胸腔疾病，如一侧胸腔积液、积气（可能由单侧性胸膜炎引起），肋骨骨折等，另可见于一侧性肺实变或肺扩张。

4. 胸廓被毛和皮肤检查　应注意有无被毛凌乱、脱毛、外伤、皮下气肿、丘疹、溃疡、结节和胸前、胸下浮肿及局部肌肉震颤等。

（二）胸壁触诊

胸壁触诊主要是检查胸廓局部温度、肋骨状态、胸壁敏感性和胸壁摩擦感。检查胸壁温度时，用手背感觉为宜；检查疼痛反应时，手指伸直并拢，垂直放在肋间，指端不离体表，自上而下连续地进行短而急的触压；检查胸膜和支气管震颤时，以手掌或指腹平置于胸壁进行触诊。

1. 胸壁温度　患急性胸膜炎时，胸廓的前下部常稍有增温；如果发现局限性增温，则为局部炎症，如胸壁炎症、胸壁脓肿等。

2. 胸壁敏感性 患胸膜炎的初期及肋间风湿性神经痛时，肋间常有压痛。肋骨骨折时疼痛更加剧烈。

3. 胸壁摩擦感 胸膜炎时，胸膜表面变粗糙，在呼吸运动时，壁层与脏层相互摩擦，手掌面紧贴于胸廓，可感到胸膜摩擦感，摩擦感（震颤感）与呼气或吸气一致，胸膜越粗糙感觉越清楚。如不甚明显，为便于诊断，可在检查前令犬、猫做适当的跑步运动。

（三）胸肺部叩诊

胸肺部叩诊是根据叩诊音的改变，判定肺和胸膜的病理变化，叩诊时所产生的音响，是一种综合音，即由叩诊锤叩打叩诊板的音响、胸壁振动与肺泡内空气振动共鸣而成的合成音。

1. 叩诊方法 对大型犬可用锤板叩诊法，对小型犬、猫可用指指叩诊法。叩诊时，叩诊板（作为叩诊板的手指）必须紧密地放在胸壁上，如其间有空隙，空气的震动会影响叩诊音。叩诊顺序一般是沿肺的上界由前向后呈水平叩击，直到肺的后界为止；然后再向下移，同样由前向后进行（水平叩诊法）。也可沿肋间，由上向下叩击（垂直叩诊法）。不论采用哪种方法，全肺区都要进行叩诊。叩诊用力大小，决定于胸壁和肺实质的厚度。肺上界和前界，因胸壁和肺组织较厚，要用较强的力量叩诊；肺的后下界，因胸壁和肺组织较薄，可采用较弱的力量叩诊；在肺中部用中等的力量叩诊。叩诊左侧和右侧胸壁的相同部位，要用相等的力量叩击，进行比较。

2. 肺叩诊区 由于肺前部为发达的肌肉骨骼掩盖，因此，犬、猫肺叩诊区比肺本身小约1/3。前界为自肩胛骨后角并沿其后缘所引之线，下止于第6肋间的下部；上界为自肩胛骨后角所划的水平线，距背中线2～3指宽；后界自第12肋骨与上界的交点开始，向下、向前经髋结节水平线与第11肋间的交点，坐骨结节水平线与第10肋间的交点，肩关节水平线与第8肋间的交点而后达第6肋间的下部与前界相交。

3. 肺正常叩诊音 健康犬、猫肺区的中1/3叩诊呈清音。其特征是音响较长，响度较大，音调较低，而肺区的上1/3和下1/3声音较弱，肺的边缘则带有半浊音的性质。犬、猫等宠物由于肺中空气柱振动较小，故肺区叩诊音稍带鼓音性质。

4. 肺叩诊区及叩诊音的病理变化

（1）肺叩诊区扩大。是肺过度膨胀和胸腔积气的结果。见于肺气肿、气胸。

（2）肺叩诊区缩小。腹腔器官对膈施加的压力增强，并将肺的后缘向前推移所致，见于怀孕后期，急性胃扩张、肠臌气、腹腔大量积液、肝肿大等。肺的前界后移，常见于心脏肥大、心脏扩张、心包积液。

（3）浊音、半浊音。此乃肺泡内充满炎性渗出物，使肺组织发生实变，密度增加的结果，或为肺内形成无气组织（如瘤体）所致。浊音和半浊音常见于：大叶性肺炎的肝变期、小叶性肺炎、异物性肺炎、肺充血和肺水肿、肺结核、肺脓肿、肺肿瘤、肺纤维化、胸腔积液、胸壁及胸膜增厚。

（4）鼓音。典型的鼓音是在肺和胸腔内形成异常的含气空腔时所致，见于下列病理状态：支气管扩张、肺空洞、肺脓肿、肺坏疽、肺结核、气胸、膈疝。

（5）过清音。表示肺组织的弹性显著降低，气体过度充盈。主要见于肺气肿。

（6）破壶音。为一种类似叩击破瓷壶所产生的音响。见于与支气管相通的大空洞，如肺脓肿、肺坏疽和肺结核等形成的大空洞。

（7）金属音。类似敲打中空的金属容器所发出的声音，其音调较鼓音高朗。此乃肺部有较大的空洞，且位置表浅，四壁光滑而紧张时造成的。大量气胸时也可出现。

（四）胸肺部听诊

1. 听诊方法　多用间接听诊法，肺听诊区和叩诊区基本一致。听诊时：宜先从肺部的中1/3部开始，由前向后逐渐听取，其次是上1/3，最后是下1/3。每个部位听2～3次呼吸音，再变换位置，直到肺的全部。如发现异常呼吸音，为了确定其性质，应将该处与临近部位进行比较。必要时要与对侧相应部位对照听取。

2. 正常呼吸音

（1）肺泡呼吸音。类似柔和的"夫"音，一般在健康犬、猫的肺区内可以听到。肺泡呼吸音在吸气时较明显，时间也长。在呼气初期能听到，在呼气的末期听不到。犬、猫的肺泡呼吸音与其他动物相比，犬、猫的肺泡呼吸音显著强而高朗。

肺泡呼吸音在肺区中1/3比较明显，上部较弱，而在肘后，肩后及肺的边缘部则很微弱，甚至不易听到。

（2）支气管呼吸音。是一种类似将舌抬高呼出气时而发出的"赫"音。支气管呼吸音是空气通过声门裂隙时产生气流漩涡所致。故支气管呼吸音实为喉气管呼吸音的延续，但较气管呼吸音弱，比肺泡呼吸音强。支气管呼吸音的特征为吸气时较弱而短，呼气时较强而长，声音粗糙而高。犬在其整个肺部都能听到明显的支气管呼吸音。

3. 病理呼吸音

（1）病理性肺泡呼吸音。病理性肺泡呼吸音又分以下几类。

①肺泡呼吸音增强。可表现为普遍性增强和局限性增强。

②普遍性增强。其特征为两侧和全肺的肺泡音均增强，如重读"夫"音。常见于发热、代谢亢进及其他伴有一般性呼吸困难的疾病，这种普遍性增强的现象，是全身性症状的一部分，并不标志着肺实质的原发性病理变化。

③局限性增强。亦称代偿性增强，此乃病变侵及一侧肺或肺的某些部分，而使其机能减弱或消失，则健侧或无病变的健康肺组织部分承担着患病部的呼吸机能，出现代偿性呼吸机能亢进的结果。它标志着肺实质的病理变化，具有重要的诊断意义，常见于大叶性肺炎、小叶性肺炎和渗出性胸膜炎等。

④肺泡呼吸音减弱或消失。表现为肺泡呼吸音极为微弱，听不清楚，吸气时也不明显，甚至听不到肺泡呼吸音。此种变化可发生于肺部两侧，一侧或局部。可见于下列情况：肺组织的弹性减弱或消失，见于各型肺炎，肺结核等；当肺组织极度扩张而失去弹性时，则肺泡呼吸音也减弱，见于肺气肿；当上呼吸道狭窄（如喉水肿）、肺膨胀不全、全身极度衰弱（如严重中毒性疾病的后期、脑炎后期、濒死期）、呼吸肌麻痹、呼吸运动减弱，进入肺泡的空气量减少，则肺泡呼吸音减弱；当胸部有剧烈疼痛性疾病（如胸膜炎、肋骨骨折等），膈肌运动障碍（如膈肌炎、急性胃扩张，肠臌气等），使呼吸运动受限，则肺泡呼吸音减弱；当胸腔积液，胸膜增厚，胸壁肿胀时，由于呼吸音传导不良，也会听到肺泡呼吸音减弱；空气完全不能进入肺泡内时，肺泡呼吸音消失，见于支气管阻塞和肺实变的疾病。

（2）病理性支气管呼吸音。肺组织实变是发生病理性支气管呼吸音最常见的原因。尤其是在肺区的后部和下部听到明显的支气管呼吸音，见于肺炎、广泛性肺结核、渗出性胸膜炎。

（3）混合性呼吸音。即肺泡呼吸音与支气管呼吸音混合存在。特征为吸气时主要是肺泡呼吸音，而呼气时则主要为支气管呼吸音。常见于小叶性肺炎、大叶性肺炎的初期或溶解消散期和散在性肺结核等。在胸腔积液的液面上方萎缩的肺组织处有时亦可听到混合性呼吸音。

（4）啰音。为伴随呼吸而出现的附加音响。按其性质可分为干啰音和湿啰音。

①干啰音。干啰音类似鼾声、蜂鸣音、笛音、飞箭音、咝咝音。干啰音在吸气或呼气时均能听到，一般在吸气的顶点最清楚。干啰音变动性较大，可因咳嗽、深呼吸而有明显的减少或增多，或时而出现、时而消失为特征。广泛的干啰音见于弥散性支气管炎、支气管肺炎、慢性肺气肿等；局限性干啰音常见于局限性慢性支气管炎、结核和间质性肺炎等。

②湿啰音。湿啰音类似水泡破裂音、沸腾音、含漱音。湿啰音是支气管疾病和许多肺部疾病的重要症状之一。湿啰音可能为弥散性，亦可能为局限性。广泛性湿啰音，见于肺水肿；两侧肺下野的湿啰音见于心力衰竭、肺淤血、肺出血、异物性肺炎、肺脓肿、肺坏疽、肺结核；在靠近肺的浅表部位听到大水泡性湿啰音时，则为肺空洞的一个指征；沸腾样大水泡音见于重度心力衰竭、昏迷（管腔内液体排出困难）、濒死期。

（5）捻发音。为一种极细微而均匀的噼啪音，类似在耳边用手捻搓一束头发时产生的声音。捻发音常提示肺实质的病变。常见于大叶性肺炎的充血期和消散期、肺结核、毛细支气管炎、肺水肿初期。

（6）胸膜摩擦音。胸膜发炎时，由于纤维蛋白沉着，使其粗糙不平。因此，在呼吸运动时，两层粗糙的胸膜面互相摩擦而产生摩擦音，摩擦音的特点是干而粗糙，声音接近体表，类似"沙沙"音、搔抓声、丝织物的摩擦音，且呈断续性，吸气与呼气时均可听到，但一般多在吸气之末与呼气之初较为明显。如紧压听诊器时，则声音增强。摩擦音常发生于肺移动最大的部位，即肘后、肺叩诊区下 1/3、肋骨弓的倾斜部，有明显摩擦音的部位，触诊有疼痛表现。胸膜摩擦音为纤维素性胸膜炎的特征。见于大叶性肺炎、各型传染性胸膜肺炎、胸膜结核等。

（7）拍（击）水音。拍水音是因胸腔内有液体积聚时，随着病犬、猫呼吸运动或突然改变体位及心搏动时，振荡或冲击液体而产生的声音。见于渗出性胸膜炎、胸水及气胸伴发渗出性脑膜炎等。

任务六　消化系统检查

◇ **目的要求**

通过学习，能够熟练掌握宠物消化系统检查常用方法，并了解操作过程中应该注意的问题。

◇ **器材要求**

器械：绷带、口套、听诊器、放大镜、开口器、电筒。

实验动物：犬、猫。

◇ **学习场所**

宠物疾病临床诊疗中心或宠物门诊。

学习素材

一、饮食检查

饮食检查主要包括犬、猫食欲和饮欲、采食、咀嚼、吞咽状态及呕吐等。

（一）食欲检查

正常情况下，犬、猫的食欲常受到食物因素、饲喂方式、外周环境、饥饿程度等因素的影响。同时，犬、猫自身因素也可能影响其食欲，如过度兴奋、紧张、害怕、发情等。故检查时应注意排除外界因素及犬、猫自身因素造成的生理性食欲下降。主要靠问诊和饲喂试验来了解犬、猫食欲。根据其采食的数量，采食持续时间长短，咀嚼的力量和速度等进行综合判断。

犬、猫病理性食欲改变常表现为食欲减少或废绝、食欲不定、异嗜及食欲亢进。

1. 食欲减少或废绝 犬、猫对日常食物表现为采食减少或完全拒食，饲喂优质适口性好的食物也未表现出食欲增强。食欲减少常见于口炎、牙齿疾病、胃肠病等，某些热性病、疼痛性疾病、代谢障碍、慢性心衰、脑病、维生素 B 族缺乏症等也会引起食欲减退。病情严重或长期病程会导致食欲废绝，如各种高热性疾病、剧痛性疾病、中毒性疾病、急性胃肠道疾病等。

2. 食欲不定 犬、猫食欲时好时坏，变化不定，多见于胃肠道慢性疾病。

3. 异嗜 病犬、猫喜食正常饲料以外的异物，如泥土、灰渣、粪便、被毛、泡沫、塑料、碎布、污物、草叶等。生长期犬、猫及长期圈养的犬、猫较为多见。异嗜多为营养代谢障碍和矿物质、维生素、微量元素及某些氨基酸缺乏的先兆，如骨软病、佝偻病、维生素缺乏症、贫血等。此外，慢性胃卡他、脑病（如狂犬病）的精神错乱、胃肠道寄生虫病（如蛔虫病）也可引起异嗜。临床上应注意异嗜与某些性格活泼的犬、猫啃咬异物的区分。

4. 食欲亢进 犬、猫食欲旺盛，采食明显超出正常。主要见于重病恢复期、肠道寄生虫病、糖尿病、甲状腺机能亢进及某些代谢性疾病等。食欲亢进多因营养物质吸收和利用障碍所引起，多数情况下食量增加，犬、猫仍呈现营养不良，渐进性消瘦。

（二）饮欲检查

主要检查犬、猫饮水量的多少。健康犬、猫生理性饮欲改变常与气温、运动和食物中含水量，及肾、皮肤和肠管机能状态等因素有关。

病理性饮欲改变包括饮欲增加和饮欲减少或废绝。

1. 饮欲增加 犬、猫口渴多饮，以热性疾病早期、中暑、体液丢失过多（如剧烈呕吐、腹泻、多尿、大出汗）、炎症导致渗出（如胸膜炎和腹膜炎）、食盐中毒及子宫蓄脓等为多见。

2. 饮欲减少或废绝 犬、猫饮水量减少或拒绝饮水，多见于多种脑病引起的意识障碍及胃肠道炎症。

（三）采食、咀嚼和吞咽动作检查

犬、猫的固有采食方法发生改变，临床上常见采食、咀嚼和吞咽障碍。

1. 采食障碍 犬、猫采食不灵活或无法采食。多见于唇、舌、齿、下颌、咀嚼肌的

损伤，如下颌关节脱臼、下颌骨骨折、口炎、齿龈炎及口腔异物损伤等。面神经麻痹，咀嚼肌痉挛以及脑和脑膜炎症等神经机能障碍疾病也可引起采食障碍。

2. 咀嚼障碍　犬、猫咀嚼小心、缓慢、无力，或咀嚼突然停止，将食物吐出口外，严重时咀嚼困难。咀嚼障碍多见于牙齿、颌骨、口黏膜、咀嚼肌及相关支配神经的机能异常，骨软症、慢性氟中毒也可引起，如牙齿磨灭不正、换齿不全、齿槽骨膜炎、严重口炎、破伤风时的咀嚼肌痉挛、面神经麻痹、舌下神经麻痹以及脑病等。

3. 吞咽障碍　犬、猫表现明显的吞咽困难，在吞咽时表现为摇头、伸颈，屡次试图吞咽而不能顺利完成或吞咽时引起咳嗽并伴有大量流涎，常见于咽、食管的机械性阻塞或管径狭窄，咽喉部损伤，吞咽中枢或相关神经疾患等。

（四）呕吐检查

呕吐是指犬、猫将胃内容物或部分小肠内容物不自主的经口腔排出体外的一种病理性反射活动。犬、猫是容易发生呕吐的宠物，当呕吐中枢、腹部（胃肠、子宫等）等受到刺激均可引起呕吐。临床上可根据呕吐发生的时间、次数，呕吐物的数量、性质、成分等区分呕吐发生的原因。

1. 呕吐病因学分类

（1）中毒性呕吐。多为药物、毒素中毒引起的呕吐。重金属盐中毒，如氯化汞、砷制剂、铊、硫酸铜、铅等；药物中毒，如阿扑吗啡、洋地黄糖苷、氨茶碱、雌性激素、肾上腺素、氯化铝、水杨酸钠、吐根、生物碱、乙醇、异丙醇、苯、丙酮、硝基苯、苯酚等；杀虫剂中毒，如灭鼠药、有机磷、有机氯等；毒素中毒，如葡萄球菌肠毒素、肉毒毒素等。

（2）传染性呕吐。某些具有传染性的疾病常可引起犬、猫呕吐。其中，常见的病毒性传染病如犬细小病毒病、犬瘟热、犬冠状病毒病、犬传染性肝炎等疾病。细菌或立克次体感染可见犬钩端螺旋体病、沙门氏菌病、立克次体病、犬副伤寒及大肠杆菌性肠炎等。

（3）消化道结构机能异常性呕吐。临床常见如咽痉挛、食道梗阻或不完全梗阻、食道痉挛、食道狭窄、食道憩室、胃食道套叠症、胃扩张、胃扭转、肠套叠、肠梗阻、胃内异物、胃肿瘤、幽门狭窄、幽门痉挛等。

（4）炎症性呕吐。常见食管炎、胰腺炎、胃溃疡、肥大细胞症、严重肝炎、急慢性胃炎、犬佐林格—埃利森综合征、腹膜炎、脓毒症、胆管破裂、尿道破裂、胃肠炎等。

（5）代谢性呕吐。犬、猫机体代谢机能紊乱引起的呕吐，如酸中毒、碱中毒、尿毒症等。

（6）侵袭性呕吐。多为蛔虫病、绦虫病引发。在幼龄犬较为多见。

（7）神经性呕吐。晕车（船）、自主性癫痫病、小脑或前庭疾病；颅内压增高、头部损伤、脑瘤、脑积水；呕吐中枢低血氧症、严重贫血、严重缺血。

（8）其他原因。如过食、食入腐败物等。

2. 呕吐的鉴别诊断　犬单纯性的呕吐容易诊断，而呕吐症状的原发病却较难判定。犬的呕吐物往往与原发病的病因和病程有关。所以在临床中，常常是先根据呕吐与采食时间、呕吐物的性状、呕吐持续时间等进行初步鉴别诊断。然后再根据临床综合症状及实验室诊断，对原发病进行最终的鉴别诊断。

（1）呕吐与采食时间。若犬采食后马上呕吐，多见于食道阻塞或急性胃炎；采食0.5h后即呕吐，可怀疑为中毒、代谢性疾病、过食、兴奋等原因；呕吐发生于胃排空（6～8h）之后，常见于胃排空机能障碍，如幽门阻塞等。

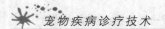

（2）呕吐物的性状。吐出多量粥状带酸味呕吐物，为刚咽下食物或未消化食物，属一次性呕吐；呕吐物呈黏稠状或混有胆汁、血液，且呕吐频繁，多见于急性出血性胃炎，以及犬瘟热、细小病毒、传染性肝炎等传染病；呕吐物呈碱性反应液状食糜，为小肠闭塞；呕吐物外观、气味与粪便相似，为大肠阻塞；干呕、无呕吐物且腹部膨大，可怀疑胃扩张或胃内有异物等。

（3）呕吐与持续时间。呕吐发生急，持续时间较短，且与采食时间有直接关联，多见于过敏、中毒、兴奋以及食物的不耐受；若呕吐反复发作，症状不太严重，并伴发有昏睡、食欲不振、流涎和腹部不适等症状，可怀疑慢性胃炎、肠炎、慢性胰腺炎或寄生虫感染的可能。

（4）呕吐与腹泻。犬的呕吐多伴有腹泻，腹泻先于呕吐，则病因往往在肠道，而胃病的可能性较小；呕吐先于腹泻，则说明犬已摄入异物、毒物或严重性传染病（如犬瘟热、犬细小病毒病等）。

（5）呕吐与饮食欲。食欲正常或稍减，仅食后不久即呕吐，再吃又吐，且喜食呕吐物，多见于蛔虫病、贲门异常；若废食且喜喝水，喝足时即呕吐，尿量少，可怀疑急性肾炎、尿中毒、钩端螺旋体病；呕吐与饮食欲无关，多表明非胃肠道疾病，而机体中毒、神经系统损伤的可能性较大。

二、口腔、咽及食管检查

当发现犬、猫饮、食欲减退，有采食、咀嚼、吞咽或咽下障碍、流涎等现象，或下颌淋巴结有疼痛性肿胀时，应对口腔、咽和食管等进行详细检查，以发现相应的患病部位。

（一）口腔检查

对病犬、猫进行口腔检查，应根据临床需要，采用徒手开口法或借助一些特制的开口器进行。

①徒手开口法。检查者以左手握住犬的两侧口角后部皮肤向内按压，右手下拉下颌，打开口腔。

②开口器开口法。由助手紧握犬两耳进行保定，检查者将开口器平直伸入口内，待开口器前端达到口角时，将把柄用力下压，即可打开口腔进行检查或处置。

口腔检查项目主要有流涎，气味，口唇，黏膜的温度、湿度、颜色和完整性（有无损伤和疹块），舌及牙齿的变化。一般用视诊、触诊、嗅诊等方法进行。

1. 流涎 口腔中的分泌物或唾液流出口外，称为流涎。健康犬、猫口腔稍湿润，无流涎现象。

大量流涎，乃是由于各种刺激使口腔分泌物增多的结果。可见于各种类型口炎，吞咽或咽下障碍（如咽炎或食管阻塞），中毒（如食盐中毒和有机磷中毒）及营养障碍（如犬的烟酰胺缺乏，坏血病）。

2. 口腔气味 健康犬、猫一般无特殊臭味，仅在采食后，可留有某种食物的气味。

病理状态下如出现口臭，常见于口炎、肠炎和肠阻塞等。腐败臭味常见于齿槽骨膜炎，坏死性口炎等。

3. 口唇

（1）口唇下垂。有时口唇不能闭合，可见于面神经麻痹，某些中毒，狂犬病；唇舌损伤和炎症，下颌骨骨折等。

（2）双唇紧闭。是由于口唇紧张性增高所引起，见于脑膜炎和破伤风等。

（3）唇部肿胀。见于口黏膜的深层炎症。

4. 口腔黏膜 应注意其颜色、温度、湿度及完整性破坏等。

（1）颜色。健康犬、猫口腔黏膜颜色淡红而有光泽。在病理情况下，口黏膜的颜色也有潮红、苍白、发绀、黄染以及呈现出血斑等变化，与眼结膜颜色变化的临床意义大致相同。口黏膜极度苍白或高度发绀，提示预后不良。

（2）温度。由助手打开犬、猫口腔后，操作者可将手指伸入口腔中感知。口腔温度与体温的临诊意义基本一致，如仅口温升高而体温不高，则多为口炎的表现。

（3）湿度。健康犬、猫口腔湿度中等。口腔过分湿润，是唾液分泌过多或吞咽障碍的结果，见于口炎、咽炎、唾液腺炎、狂犬病及破伤风等。口腔干燥，见于热性病、脱水、肠阻塞等。

（4）完整性。口黏膜出现红肿、疹块、结节、水疱、脓疱、溃疡、表面坏死、上皮脱落等，除见于一般性口炎外，也见于各种传染病。

5. 舌 应注意舌苔、舌色及舌的形态变化等。

（1）舌苔。舌苔是一层脱落不全的舌上皮细胞沉淀物，并混有唾液，食物残渣等，是胃肠消化不良时所引起的一种保护性反应，可见于胃肠病和热性病。舌苔厚薄，颜色等变化，通常与疾病的轻重和病程的长短有关。舌苔黄厚，一般表示病情重或病程长，舌苔薄白，一般表示病情轻或病程短。

（2）舌色。健康犬、猫舌的颜色与口腔黏膜相似，呈粉红色且有光泽。在病理情况下，其颜色变化与眼结膜及口腔黏膜颜色变化的临诊意义大致相同。

（3）形态变化。舌形态的病理变化主要有以下表现。

①舌麻痹。舌垂于口角外并失去活动能力，见于各种类型脑炎后期或食物中毒（如肉毒梭菌中毒病），同时常伴有咀嚼及吞咽障碍等。

②舌体咬伤。因中枢神经机能扰乱，如狂犬病、脑炎等而引起。

6. 牙齿 牙齿病患常为造成犬、猫消化不良，消瘦的原因之一。检查有无锐齿、过长齿、赘生齿、波状齿、龋齿以及牙齿松动、脱落或损坏等。

（二）咽检查

当犬、猫发生吞咽障碍，尤其是伴随着吞咽动作有食物或饮水从鼻孔流出时，必须作咽的局部检查。

1. 外部视诊 咽位于口腔的后方和喉的前上方，其体表投影恰位于环椎翼的前下方和下颌支上端的直后方，因其被腮腺等所覆盖，故位置深在。外部视诊时，如发现犬、猫有吞咽障碍，头颈伸展，运动不灵活，并见咽部隆起，则应怀疑咽炎。但需注意与腮腺炎进行区别，腮腺炎时，吞咽障碍不明显，局部肿胀范围大。

2. 外部触诊 触诊时，检查者两手拇指放在左右环椎翼的外角上做支点，其余4指并拢向咽部轻轻压迫。压迫健康犬、猫的咽部不引起疼痛反应。如出现明显肿胀、增温并有敏感（疼痛）反应或咳嗽时，多为急性炎症过程。

（三）食管检查

当犬、猫有咽下障碍、大量流涎并怀疑食管疾病时，应作食管检查。视诊和触诊用于颈部食管的检查，而对胸腹部食管的检查则需用探诊。

1. 视诊 颈沟部（颈部食管）出现界限明显的局限性膨隆，见于食管阻塞或食管

33

扩张。

2. 触诊　触诊食管时，检查者站在犬、猫的左颈侧方，面向尾方，左手放在犬、猫右侧颈沟处固定其颈部，用右手指端沿左侧颈沟自上而下直至胸腔入口处，进行加压滑动触摸，而对侧的左手，也应同时向下移动。注意感知有无肿胀和异物、内容物硬度、有无波动感等。当触摸到颈沟处感觉有坚硬物体，则食管可能被食物阻塞，当阻塞物上部继发食管扩张且积聚大量液状物时，触诊局部有波动感；当触摸有疼痛反应时，则提示有食管炎症。

3. 探诊　进行食管探诊的同时，实际上也可作胃的探诊。首先，探诊可用于对食管疾病和胃扩张的诊断，以确定食管阻塞、狭窄、憩室及炎症发生的部位，并可提示是否有胃扩张。根据需要用探管抽出胃内容物进行实验室检查。其次，探诊也是一种常用的治疗手段。

食管及胃探诊的诊断意义：探管在食管内遇有抵抗，不能继续送入，常见于食管阻塞（根据探管插入的长度，可以确定阻塞部位）；探管送入食管后，如犬、猫表现极力挣扎，试图摆脱检查，常伴有连续咳嗽，为食管疼痛的反应，见于食管炎；探管在食管内推送时感到阻力很大，而改用细探管后，便可顺利送入，则表示食管直径变小，见于食管狭窄；探管送入食管后，在食管的某段不能继续前进，如仔细调转方向后，又可顺利通过，则提示有食管憩室的可能（因食管憩室多为一侧食管壁弛缓扩张所形成，探管前端误入憩室即不能后送，更换方向后始可继续推进）；探管插入胃后，如有大量酸臭气体或黄绿色稀薄胃内容物从管口排出，则提示急性胃扩张。

三、腹部及胃肠检查

（一）腹部检查

1. 腹部视诊　主要观察腹部外形、轮廓、容积。在病理状态下常有腹围增大和腹围缩小两类表现。

（1）腹围增大。见于母犬、猫妊娠、肥胖；急性胃扩张（积食、积气、积液）、胸膜气、结肠便秘、腹腔积液（腹膜炎、腹水、内脏血管破裂、膀胱破裂等）；膀胱高度充满；子宫蓄脓；腹腔肿瘤。局限性膨大，多见于腹壁疝，犬的脐疝在临床多见。

（2）腹围缩小。见于下列情况。

①腹围急剧缩小。在剧烈腹泻等病程中，如急性胃肠炎，由于严重脱水，食欲废绝和胃肠内容物急剧减少所致。

②腹围逐渐缩小。在慢性消耗性疾病和长期发热时，由于犬、猫食欲减退，吸收机能降低和消耗增多逐渐引起。

③腹围蜷缩。后肢剧痛性疾病时，造成腹肌高度紧张和强烈收缩，常表现明显的腹围蜷缩。在破伤风或腹膜炎时，因腹肌紧张，可见轻度的腹围蜷缩。

2. 腹部触诊　犬、猫的腹壁薄软，腹腔浅显，便于触诊。如将犬、猫前后躯轮流高举，几乎可触知全部腹腔脏器。开始触压时腹壁紧张，但触压几次后腹壁便会弛缓。腹部触诊对犬、猫胃肠道疾病、腹膜腔疾病及泌尿生殖道疾病的诊断十分重要，是犬、猫疾病诊断中重要的技术。通常采用手掌或手指进行间歇性触压。腹部触诊的异常变化包括以下方面。

（1）腹壁敏感性增高。犬、猫表现躲闪、反抗、回顾等动作，提示腹膜的炎症。

（2）腹壁紧张度增高。腹壁肌肉紧张、收缩、弹性减小，见于破伤风、腹膜炎等。

（3）腹壁紧张度降低。见于腹泻、营养不良、热性病等。

（4）腹部有击水音。由助手将手掌放在对侧腹壁作为支点，检查者用拳或手掌对腹壁进行冲击触诊，如有击水音或回击波，提示腹腔积液。

（二）胃肠检查

1. 胃的触诊　在左前腹部，肋骨弓下方，往前上方触压，可感知胃内容物的多少、性质、有无异物及敏感性，对判断胃扩张、胃内异物、胃炎及胃溃疡等具有重要价值。

采食大量干燥的食物而不能呕吐引起的急性胃扩张，触诊时可在两侧肋下部摸到胀满、坚实的胃。当胃内有异物时，胃部触诊犬、猫有疼痛反应，有时在肋下部可摸到胃内异物。胃扭转时，腹部触诊可摸到一个紧张的球状囊袋。在急性胃卡他、胃炎、胃溃疡时，胃部触诊有疼痛反应。

2. 肝区触诊　正常的肝位于肋骨弓之内，不易摸到。检查时，在右侧肋骨弓下方，往前上方触压。肝肿大、敏感，多提示肝炎。肝质地变硬、萎缩，提示中毒性肝病、肝炎的后期。

3. 肠道检查

（1）肠管触诊。对于检查肠便秘、肠套叠、肠扭转、肠内异物等具有重要意义，犬以肠套叠和肠内异物较多见。肠秘结，触摸到肠道内有一串坚实或坚硬的粪块。肠内异物，可以摸到肠管内的坚实异物团块，前段肠道臌气。肠扭转，可以发现局部的触痛和臌气的肠管，有时可以摸到扭转的肠管或扭转的肠系膜。肠套叠，可以触摸到一段质地如鲜香肠样有弹性、弯曲的圆柱形肠段，触压剧痛。

（2）肠管听诊。根据胃肠音的强弱、频率、持续时间和音质，可以判定胃肠的运动机能和内容物的性状。健康犬、猫肠音似捻发音。病理性肠音有以下几种。

①肠音增强。肠音洪亮，高而强，频繁，持续时间长，由于肠管受到各种刺激所致。见于胃肠炎初期及肠痉挛。

②肠音减弱。肠音短促而微弱，次数稀少，由于肠管蠕动迟缓所致。见于重度胃肠炎，肠阻塞、热性病、脑膜脑炎及中毒病等。

③肠音消失。肠音完全消失，是肠管麻痹或病情重剧的表示。见于重度胃肠炎，除肠痉挛以外的多种疝痛病（如肠阻塞、肠变位等）后期以及胃肠破裂的濒死期。

④肠音不整。肠音次数不定，时快时慢，时强时弱，而且蠕动波不完整，主要见于慢性胃肠卡他。由于腹泻与便秘交替发生，因此在病程经过中出现肠音快慢不均、强弱不一的现象。

⑤金属性肠音。类似水滴落在金属薄板上的声音，是肠内充满大量气体或肠壁过于紧张，邻近的肠内容物移动冲击该部肠壁发生振动而形成的声音，多见于肠臌气及肠痉挛。

4. 直肠检查　检查肛门、肛门腺及会阴部时，应戴手套并涂以润滑剂。里急后重，大便困难，多为直肠和肛门疾患的症状。将手指伸入肛门可检查直肠或经直肠触诊深部器官，如直肠内粪便的颜色、硬度和数量，直肠的宽窄，骨盆的大小，骨盆骨折，肛门腺癌，直肠内肿瘤，膀胱、子宫以及雄性前列腺的情况等。

（三）排粪动作及粪便检查

1. 排粪动作检查　排粪动作是犬、猫的一种复杂反射活动。正常状态下，犬、猫排便近乎蹲坐姿势，排便后有用四肢扒土掩粪的习惯。正常犬、猫的排粪次数与采食食物的数量、食物种类，消化吸收机能等有密切关系。

排粪动作障碍主要表现有以下几种。

（1）便秘。主要表现排粪次数减少，排粪费力，屡有排粪姿势而排出量少，粪便干固而色暗。见于热性病，慢性胃肠卡他，肠阻塞等。

（2）腹泻。表现频繁排粪，粪成稀粥状、液状，甚至水样。腹泻主要是各种类型肠炎的特征，是犬、猫常见的病理现象，犬腹泻由细菌性、病毒性、寄生虫性、中毒性及其他原因引起。

（3）排粪失禁。犬、猫不采取固有的排粪动作而不自主地排出粪便，主要是由于肛门括约肌弛缓或麻痹所致。见于顽固性腹泻、腰荐部脊髓损伤。

（4）排粪痛苦。犬、猫排粪时，表现疼痛不安，呻吟，拱腰努责。见于直肠炎和直肠损伤，腹膜炎等。

（5）里急后重。病犬、猫不断作排粪姿势并强度努责，而仅排出少量粪便或黏液。见于直肠炎、顽固性腹泻、肛门腺炎等。

2. 粪便检查　注意粪便的量、形状、硬度、颜色、气味及异常混杂物（黏液、伪膜、血液、脓汁、寄生虫、异物残渣等）。犬、猫的正常粪便呈圆柱状，有一定硬固感，一般为褐色，因采食肉类和脂肪，粪便多有特殊的恶臭味。

若粪便呈暗褐色甚至黑色，则多为前部肠管出血或胃出血。呈红色，血液附着在粪便表面，见于后段肠道出血等。粪呈淡黏土色（灰白色），见于阻塞性黄疸。呈灰色，软如油膏，带特殊的脂肪闪光，混有大量脂肪团及未消化的肉类纤维，见于胰腺炎。呈黄绿色，常见于钩端螺旋体病。粪便带黏液，表明肠道炎症或肠变位（肠阻塞、肠套叠等）等。若未采食肉类食物而粪便有腐败臭味，乃肠卡他的特征。异常恶臭（腥臭味），呈番茄酱样，见于犬细小病毒病。粪中混有脓汁，是化脓性炎症的标志，如直肠脓肿等。混有寄生虫，多见于蛔虫、绦虫感染。混有破布、被毛等，是由营养代谢障碍发生异嗜所致。

任务七　泌尿生殖系统检查

◆ **目的要求**

熟练掌握宠物泌尿生殖系统检查方法，并了解操作过程中应该注意的问题。

◆ **器材要求**

器械：绷带、口套、开腟器。

实验动物：犬、猫。

◆ **学习场所**

宠物疾病临床诊疗中心或宠物门诊。

学习素材

一、泌尿系统检查

（一）排尿状态检查

成年公犬的排尿姿势是抬起某侧后肢，向身体的侧方向排尿，且有排尿于其他物体上的习惯，幼年公犬则采取下蹲的方式排尿。母犬的排尿姿势是后肢稍向前移，略微下蹲，弓背举尾。健康犬、猫每昼夜排尿2～4次，尿量随体型大小、饮水量及食物结构不同而不同。

泌尿、贮尿和排尿的任何障碍，都可表现出排尿异常。排尿异常可表现为以下几种。

1. 多尿和频尿 多尿指总排尿量增加，表现排尿次数增多，而每次排尿量并不减少。多见于肾小球滤过机能增强，如大量饮水后，一时性尿量增多；肾小管重吸收能力减弱，如慢性肾病；渗出液吸收过程，如应用利尿剂、尿崩症、糖尿病及渗出性胸膜炎吸收期等。

频尿表现排尿次数增多，而每次排尿量不多，甚至减少，多为膀胱或尿道黏膜受刺激而兴奋性增高的结果，如膀胱炎、尿道炎、肾盂肾炎等。

2. 少尿和无尿 少尿是指总排尿量减少，表现排尿次数减少，排尿量亦减少。据病因可分为肾前性、肾性及肾后性少尿或无尿。

（1）肾前性少尿或无尿。多因血浆渗透压增高和外周血液循环衰竭致肾血流量减少引起。表现尿量轻度或中度减少，多见于呕吐腹泻及长期病程引起的脱水、休克、心力衰竭、组织内水分滞留等。

（2）肾性少尿或无尿。多因肾功能高度障碍，肾小球和肾小管的严重病变引起。多见于急性肾小球肾炎，各种慢性肾病（如慢性肾炎、肾盂肾炎、肾结核、肾结石等）引起的肾衰竭。

（3）肾后性少尿或无尿。多因尿路阻塞引起。见于输尿管或尿道结石或肿瘤、炎性水肿，或被血块、脓块阻塞等。

3. 尿潴留 膀胱内充满尿液不能排出。尿液呈少量点滴状排出或完全不能排出。见于尿路阻塞（如尿道结石、尿道狭窄）、膀胱麻痹、膀胱括约肌痉挛及腰荐部脊髓损害。

4. 尿失禁与尿淋漓 尿失禁是指病犬、猫不取排尿姿势，尿液不随意地不时地排出。见于脊髓疾患、膀胱括约肌麻痹、脑病昏迷和濒死期的病犬、猫。尿淋漓是指排尿不畅，尿液呈点滴状或细流状排出，见于老龄体衰、胆怯和神经质的犬、猫。

5. 排尿痛苦 病犬、猫在排尿过程中表现疼痛，排尿时呻吟、努责、摇尾踢腹、回顾腹部和排尿困难等。多次取排尿姿势，但无尿排出，或呈滴状或呈细流状排出。多见于膀胱炎、尿道炎、尿道结石、生殖道炎症及腹膜炎等。

（二）泌尿器官检查

1. 肾检查

（1）视诊检查。某些肾疾病（急性肾炎、化脓性肾炎等）时，肾的敏感性增高，肾区疼痛明显，病犬、猫除出现排尿障碍外，常表现腰脊僵硬，拱起，运步小心，后肢向前移动迟缓。还可于眼睑、垂肉、腹下、阴囊及四肢下部出现明显水肿。

（2）触诊检查。可通过体表进行腹部深部触诊。肾外部触诊时，可使犬、猫取站立姿势，检查者两手拇指放与犬、猫腰部，其余手指由两侧肋弓后方与髋结节之间的腰椎横突下方，由左右两侧同时施压并前后滑动，进行触诊。

触诊肾区时应注意观察犬、猫有无压痛反应。肾的敏感性增高，触诊肾区可见犬、猫不安、拱背、摇尾和躲避压迫等反应。肾的压痛多提示急性肾炎、肾及其周围组织发生化脓性感染、肾脓肿等。若肾肿胀、压痛明显，并有波动感，多提示肾盂肾炎、肾盂积水、化脓性肾炎等。若肾质地坚硬、体积增大、表面粗糙不平，可提示肾硬变、肾肿瘤、肾盂结石。由于肾所处位置较深，多为组织包裹，某些病变较难通过触诊进行检查，必要时可采集尿液，进行尿液化验。

2. 膀胱检查　大型犬可采取直肠检查的方法检查膀胱，中小型犬多采用手指伸入直肠内或外部触诊进行膀胱检查。主要检查膀胱的位置、大小、充盈度、膀胱壁的厚度及有无压痛等。

外部触诊时使犬、猫取仰卧姿势，用两手分别由腹部两侧逐渐向体中线压迫，以感知膀胱。膀胱充满时，在下腹壁耻骨前缘触到一个有弹性的光滑球形体，过度充满时有些犬、猫甚至可达脐部。

膀胱检查过程中还可能有以下情况。

（1）膀胱空虚、有压痛，多提示膀胱炎。

（2）膀胱内有较坚实的团块，多提示膀胱结石或肿瘤。在犬、猫变换体位后，团块位置发生相应改变或挤压时有摩擦感，可判定为膀胱结石。若体位改变后团块位置未发生改变，且触诊时疼痛明显，则多为膀胱肿瘤。

（3）膀胱高度充盈，挤压有波动感和压痛，提示膀胱积尿、膀胱平滑肌麻痹（挤压排尿，停止按压不见排尿，无压痛）或膀胱颈痉挛、膀胱扭转、膀胱颈结石、尿道结石（均挤压不见排尿，有明显压痛）。

（4）膀胱破裂，表现无尿、腹部膨大有波动感，触诊膀胱空虚或难以感知膀胱位置。

3. 尿道检查　母犬、猫尿道较短，开口于阴道前庭的下壁，可将手指伸入阴道，在其下壁直接触摸到尿道外口，亦可用开膣器进行尿道口视诊和尿道探诊。

公犬、猫尿道，对其位于骨盆腔内的部分，连同贮精囊和前列腺进行直肠内触诊。对位于坐骨弯曲以下的部分，进行外部触诊。尿道的常见异常变化是尿道结石。此外，还有尿道炎、尿道损伤、尿道狭窄、尿道阻塞等。

二、外生殖器检查

1. 公犬、猫外生殖器检查

（1）睾丸及阴囊检查。检查时用视诊和触诊。主要检查阴囊皮肤颜色、有无丘疹及湿疹、水肿，睾丸的大小、形状、硬度，有无肿胀、发热和疼痛反应，注意有无隐睾、睾丸肿瘤等。

阴囊一侧性显著膨大，触诊时无热，柔软而现波动，似有肠管或其他异物存在，早期可经腹股沟管还纳，这是腹股管阴囊疝的特征表现。

阴囊肿大，同时睾丸实质也肿胀，触诊时发热，有压痛，睾丸在阴囊中的移动性很小，见于睾丸炎或睾丸周围炎。

（2）阴茎和阴鞘检查。尿道口出现脓性分泌物时，应注意是全身炎症还是尿生殖道局部炎症。阴鞘和包皮发生肿胀时，应注意是由于全身性皮下水肿还是精索、睾丸、阴茎等组织器官的炎性渗出物浸润所致。

阴茎脱垂常见于支配阴茎肌肉的神经麻痹或中枢神经机能障碍。此外，公犬、猫阴茎损伤，龟头局部肿胀及肿瘤在临床上也较为多见。

2. 母犬、猫外生殖器检查

（1）阴门检查。检查时如发现阴门红肿，应检查母犬、猫是否发情或有阴道炎症等。如阴门排出带有腐败坏死组织块的恶臭黏液或脓性分泌物，则提示胎衣不下或患有阴道炎、子宫炎。

（2）阴道检查。当发现阴门红肿或有异常分泌物流出时，应借助开膣器检查阴道黏膜的颜色、湿度、有无损伤、发炎、肿胀或肿块、溃疡及阴道分泌物的变化，同时注意观察子宫颈的状态。病理状态下，阴道黏膜可能出现潮红、肿胀、糜烂或溃疡，分泌物增多，流出浆液黏性或黏液脓性、污秽腥臭的液体，多为阴道炎的表现。子宫颈口潮红、肿胀，为子宫颈炎的表现。子宫颈口松弛，有多量分泌物不断流出，多提示子宫内膜炎或子宫蓄脓。

三、乳房检查

1. 乳房的外部检查

（1）乳房视诊。检查乳房对称性、发育程度、乳房和乳头的皮肤颜色等。

（2）乳房触诊。检查乳房皮肤的温度、厚度、硬度，有无肿胀、疼痛和硬结以及乳房淋巴结的状态。触诊乳房实质及硬结病灶时，应将乳汁排出后进行检查。

当乳房肿胀、发硬，皮肤呈红紫色，触诊热痛反应明显，有时可见乳房淋巴结肿大，这是乳房炎的表现。当乳房表面出现丘状突出，急性炎症反应明显，以后有波动感，则提示乳房脓肿。

2. 乳汁检查

（1）乳汁量检查。健康母犬、猫在产前1～2d可挤出少量黄绿色初乳，产后乳汁分泌量增加，尤以后两排乳房明显，随着泌乳期的延长，乳汁逐渐变少、稀薄。

（2）乳汁性状检查。检查时，可将乳汁挤入清洁器皿内进行观察，注意乳汁颜色，黏稠度等变化。如挤出的乳汁浓稠，内含有絮状物或纤维蛋白性凝块，或混有脓汁、血液，是乳房炎的重要特征。必要时对乳汁进行实验室检查。

任务八　神经系统检查

◇ **目的要求**

初步掌握宠物神经系统检查方法，并了解操作过程中应该注意的问题。

◇ **器材要求**

器械：绷带、口套。

实验动物：犬、猫。

◇ **学习场所**

宠物疾病临床诊疗中心或宠物门诊。

学习素材

一、精神状态检查

动物的精神状态受中枢神经系统的控制，中枢神经机能发生障碍时，可出现精神兴奋或精神抑制。

1. 精神兴奋 犬、猫中枢神经系统机能亢进所致。轻者表现骚动不安、惊恐、害怕；重者受轻微刺激即产生强烈反应，不顾障碍地前冲、后退，甚至攀登或跳入沟渠，狂奔乱跑，有时攻击人畜。

精神兴奋常见于脑部疾病（如脑膜充血、炎症及颅内压升高等），代谢机能障碍，中毒（如毒素、毒物等），日射病和热射病、传染性疾病（如传染性脑脊髓炎、狂犬病）。

2. 精神抑制 多数发病犬、猫的常见表现。大脑皮层抑制过程占优势，病犬、猫对外界刺激反应低下或消失。据表现程度可分为精神沉郁、昏睡、昏迷3种。

（1）精神沉郁。多为发病初期的表现。病犬、猫大脑皮层活动受到轻度抑制，对周围事物反应迟钝，呆立，头低耳聋，眼睛半闭，不听呼唤，但对外界轻度刺激可作出反应。

（2）昏睡。病犬、猫中枢神经系统受到中度抑制的结果。病犬、猫处于不自然的熟睡状态，对外界刺激反应异常迟钝，只有强刺激才能产生短暂反应，随即又陷入沉睡状态。见于脑炎，颅内压升高等。

（3）昏迷。病犬、猫大脑皮层机能高度抑制的结果。犬、猫意识完全丧失，对外界的刺激全无反应，仅保留节律不齐的呼吸和心脏搏动。卧地不起，全身肌肉松弛，反射消失，甚至瞳孔散大，粪尿失禁，常提示预后不良。多见于颅内疾病（如脑炎、脑肿瘤、脑创伤）及代谢性脑病（如脑缺氧、缺血、低血糖、辅酶缺乏、脱水、代谢产物的潴留所致）。

二、头颅和脊柱检查

对于脑和脊髓的检查，临床上通过视诊、触诊及头颅局部叩诊的方法进行检查。

1. 头颅检查 主要检查头颅的形状和大小，是否发育正常，温度、硬度等变化。颅部异常增大，多因颅内压增高引起，如脑室积水、颅内肿瘤、颅脑先天性畸形、创伤等。头颅局部增温，多见于热射病和日射病、脑充血、脑和脑膜的炎症等。

2. 脊柱检查 主要检查脊柱是否变形，如脊柱向上弯曲，注意观察脊柱是否弯曲（如上弯、下弯和侧弯），脊柱弯曲多因其周围支配脊柱的肌肉紧张性不协调所致，见于脑膜炎、脊髓炎和破伤风等，也见于骨质代谢障碍性疾病（如骨软病）。此时可呈现角弓反张、腹弓反张和侧弓反张，由于后头挛缩或斜颈，甚至引起强迫性后退或转圈运动。但应排除创伤骨折、药物中毒及风湿病等引起的脊柱弯曲，压疼及僵硬异常等症状。

三、运动机能检查

1. 强迫运动 犬、猫的脑部疾病导致其运动不受意识支配和外界环境影响，表现为强制发生的有规律的运动。可分为圆圈运动、盲目运动和暴进暴退。

（1）圆圈运动。病犬、猫按一定的方向作转圈运动，转圈的直径大小不定，有些犬、猫甚至出现原地转圈。转圈运动多因大脑皮层的运动中枢，中脑、脑桥、小脑、前庭核、迷路等部位发生病变，特别是一侧性损害时所致。常见于脑炎、一侧性脑室积水或脑部的占位性病变等。

（2）盲目运动。病犬、猫运动无目的性，运动时对外周刺激无明显反应。脑部炎症常见。

（3）暴进及暴退。病犬、猫头部高举或低垂，不顾周围环境径直向前行走，称暴进。

多为大脑皮层运动区，纹状体、丘脑等部位病变。暴退则是指病犬、猫仰头后退，甚至倒地。小脑损害、颈肌痉挛时发生。

2. 共济失调 犬、猫肌肉收缩力正常，在运动时肌群动作相互不协调，导致犬、猫体位和各种运动的异常表现，称共济失调。临床上可分为静止性失调和运动性失调。

（1）静止性失调。犬、猫在静止站立状态下出现的体位平衡异常现象。可见头和体躯摇摆不定，偏斜，四肢肌肉紧张力降低，站立不稳，仅能以四肢叉开站立来保持体位平衡，如"醉酒状"。常提示小脑、小脑脚、前庭神经和迷路受损。

（2）运动性失调。犬、猫在运动状态时动作缺乏节奏性、准确性、协调性。表现为步态失调、后躯摇摆行走如醉、高抬肢体似涉水状等。常提示大脑皮层（颞叶或额叶）、小脑、脊髓（脊髓背根或背索）及前庭神经或前庭核、迷路受损。

3. 痉挛 犬、猫的横纹肌不随意收缩，称为痉挛，是由于大脑皮层运动区、锥体径路及反射弧受损害所引起大脑皮层下中枢兴奋的结果。可分为阵发性痉挛和强制性痉挛两种。

（1）阵发性痉挛。指单个肌肉或单个肌群发生短暂、迅速、如触电样的一个接一个的重复性收缩，肌肉收缩与弛缓交替出现。见于病毒或细菌感染性脑炎，化学药物中毒，代谢障碍及循环障碍等。

由单个肌肉或肌群发生迅速、有规律性、细小的阵发性痉挛，称为震颤。多为小脑或基底神经节受损害，临床常见于中毒、过劳、衰竭、缺氧、危重病犬、猫的濒死期等。而中毒等疾病常引起犬、猫的高度阵发性痉挛，引起全身性激烈颤动，称为惊厥。

（2）强直性痉挛。指肌肉长时间、程度大致相等的持续收缩。大多由大脑皮层受刺激、脑干或基底神经受损伤引起。临床常见于破伤风、某些中毒、脑炎与脑膜炎、维生素及矿物质的代谢紊乱。

4. 瘫痪 由于神经机能出现障碍，身体的一部分完全或不完全丧失运动能力，称为瘫痪或麻痹。

（1）据发生的程度可将瘫痪分为完全瘫痪和不完全瘫痪。完全瘫痪是指肌肉运动机能完全丧失；不完全瘫痪是指发病部位尚保留部分运动机能。

（2）据发生部位可将瘫痪分为单瘫、偏瘫和截瘫。单瘫是指某一肌肉、肌群或一肢体发生瘫痪；躯体一侧发生瘫痪称偏瘫；躯体两侧对称部位（如两后肢）瘫痪称截瘫。

四、感觉机能检查

（一）一般感觉检查

1. 浅感觉 犬、猫浅感觉检查主要检查其痛觉和触觉。检查时应使犬、猫保持安静状态，以指掐或针刺的方式由躯干的后方向前沿脊柱两侧逐渐刺激，直到颈部和头部。四肢的检查从最下端起，刺激自下而上直至脊柱。刺激时注意观察犬、猫的反应，健康犬、猫受到刺激时表现为相应部位的被毛颤动，皮肤或肌肉收缩，竖耳或回头啃咬等。

（1）感觉过敏。给予犬、猫轻度刺激，即可引起强烈反应。由感觉神经传导径路受损所致。多见于末梢神经发炎、局部组织炎症、脊髓膜炎、脊髓背根损伤、视丘损伤等。

（2）感觉减退。皮肤感觉机能降低或消失，犬、猫感受外界刺激的反应减弱或消失。多为感觉神经传导径路病变致传送感觉的能力减退或丧失。

局限性感觉迟钝或消失是指支配该区域内的末梢感觉神经受侵害，因脊髓的横断性损伤（如挫伤、脊柱骨折、压迫和炎症等）可致体躯两侧对称性感觉迟钝或消失；体躯一侧

41

性感觉消失则多因延脑和大脑皮层传导径路受损伤所致；多发性神经炎可致体躯多发性感觉消失。

（3）感觉异常。由于传导径路上存在异常刺激所致，是一种自发产生的感觉，如发痒、烧的感觉等。见于狂犬病、神经性皮炎、荨麻疹等。

2. 深感觉 又称本体感觉，指皮下深部的肌肉、关节、骨骼、腱和韧带等处的感觉。人为地将犬、猫肢体改变自然姿势以观察其反应。健康犬、猫在除去人为外力后，可立即恢复原状。而深部感觉障碍时则人为姿势较长时间保持不变。多为大脑或脊髓受损害所致，如慢性脑积水、脑炎、脊髓损伤、严重肝病等。

（二）感觉器官检查

感觉器官包括视觉、听觉、嗅觉及味觉器官。某些可破坏感觉器官与中枢神经系统之间的正常联系的神经系统疾病，可导致相应的感觉机能障碍。检查时应注意与非神经系统病变引起的感觉器官异常相区别。

1. 视觉器官 对神经系统疾病诊断有意义的项目包括斜视、瞳孔异常、视力下降及眼底检查异常等。

（1）斜视。由一侧眼肌麻痹或一侧眼肌过度牵张所致的眼球位置不正，多因支配该侧眼肌运动的神经核或神经纤维机能受损害所致。

（2）眼球震颤。由支配眼肌运动的神经核受害所致的眼球发生一系列有节奏的快速往返运动，多见于半规管、前庭神经、小脑及脑干的疾病。

（3）瞳孔异常。检查瞳孔大小、形状、对称性及瞳孔对光的反应。对光反应是检查瞳孔机能活动的有效方法。通常用手电筒光从侧方迅速照射瞳孔，以观察其动态反应。健康犬、猫瞳孔遇到强光时会很快缩小，除去强光后，随即恢复原状。

①瞳孔扩大。交感神经异常兴奋或动眼神经麻痹，导致瞳孔辐射肌收缩的结果，如剧痛性疾病、高度兴奋、使用抗胆碱药及致颅内压增高的脑病等。

②瞳孔缩小。动眼神经兴奋或交感神经麻痹或副交感神经异常兴奋使瞳孔括约肌收缩的结果，如脑炎、脑积水、使用拟胆碱药及虹膜炎等。

③瞳孔大小不等。两侧瞳孔不等，多提示颅内病变，如脑外伤、脑肿瘤、脑炎。瞳孔变化不定，时而一侧稍大，时而另一侧稍大，则提示脑疝。

④瞳孔反射消失。瞳孔副交感神经和交感神经均麻痹，大小无变化，对刺激反射消失。

（4）视力下降。犬、猫前进通过障碍物时，冲撞于物体上，或用手在犬、猫眼前晃动时，不表现躲闪，也无闭眼反应，则表明视力障碍。见于视网膜、视神经纤维，丘脑、大脑皮层的枕叶受损害。

（5）眼底检查异常。主要观察视神经乳头的位置、大小、形状、颜色及血管状态和视网膜的清晰度、血管分布及有无斑点等。

2. 听觉器官 听觉增强是病犬、猫对微弱的声音刺激即表现出明显的反应，如把耳转向声音的来源一方，或两耳前后来回移动。同时，惊恐不安，乃至肌肉痉挛。多见于脑和脑膜疾病。听觉减弱或消失则表现为对正常或较强的声音刺激反应减弱或无反应，与大脑皮层颞叶，延脑受损有关。

3. 嗅觉器官 用犬、猫熟悉物件的气味，或有芳香气味的物质引诱犬、猫，以观察其反应。健康犬、猫则寻食，出现咀嚼动作，唾液分泌增加。嗅神经、嗅球、嗅传导径和大脑皮层受害时，则嗅觉减弱或消失。检查时应排除鼻黏膜疾病引起的嗅觉障碍。

宠物疾病实验室诊断

【学习目标】

掌握宠物疾病实验室诊断常用的方法手段，从而对宠物疾病的确诊奠定坚实的理论基础。

任务一　血液检验

◇ **目的要求**

会进行血液样品的采集和处理，了解血液常规检查的原理，能进行各项血常规检查，并熟悉各项血液常规检查的临床意义。

◇ **器材要求**

实验用犬、猫、保定器材、注射器、抗凝剂、血常规检查常用材料。

◇ **学习场所**

宠物疾病实验室诊断实训中心。

学习素材

一、血液样品采集与处理

（一）血液样品采集

一般采用静脉采血和心脏采血。

1. **静脉采血**　静脉采血的部位以颈静脉、前臂头静脉、后肢隐外静脉较为常见。仅需极少量血液时，也可在耳、唇、足垫等处消毒后针刺采集。采血时，先将宠物充分保定，用止血带结扎或助手按压在采血部位上方，采血部位消毒，待静脉血管怒张显露后，用采血针刺入皮下，深入血管后进行采血。少量采血时以前后肢静脉采集多见，如需要较多量血液时以颈静脉采血为主（图2-1至图2-3）。

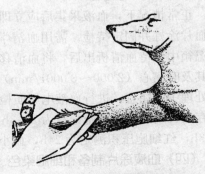

图2-1　前臂头静脉采血

图 2-2 小隐静脉采血

图 2-3 颈静脉采血

2. 心脏采血 心脏采血一般较少采用,一般于胸右侧第 4 或第 5 肋间的胸骨之上、肘突水平线上,进行心脏穿刺。采血时用长约 5cm 的乳胶管连接在注射器上,手持针头,垂直进针,边刺边回抽注射器活塞,将血采出。

(二)血液的抗凝

1. 乙二胺四乙酸(EDTA) 临床上常用其钠盐(EDTA-Na$_2$-H$_2$O)或钾盐(EDTA-K$_2$-2H$_2$O)作为抗凝剂。抗凝的主要原理是 EDTA 与血液中 Ca^{2+} 螯合,从而使 Ca^{2+} 失去凝血作用,达到抗凝目的。EDTA 多用于血液学检查,不能用于输血。通常配成 10% 溶液,每毫升可抗凝 50mL 血液。

2. 草酸钾 草酸钾的抗凝作用强,但用于红细胞压积的测定时可致红细胞缩小。同时,草酸盐抗凝血也不能用于输血。用量:取草酸钾结晶少许(约 10mg)置于试管或小瓶中,采血 5mL,轻轻混匀即可。

3. 草酸铵与草酸钾合剂 草酸铵能使红细胞膨胀,故常常将其与草酸钾配合成合剂使用。配方为:草酸铵 6g、草酸钾 4g、蒸馏水 1 000mL,每毫升可抗凝 50mL 血液。

4. 枸橼酸钠(又称柠檬酸钠) 枸橼酸根离子能与血浆中的 Ca^{2+} 形成一种不易解离的可溶性络合物,从而降低血液中 Ca^{2+} 的浓度,发挥抗凝血作用。常用于血沉测定和输血时的抗凝剂,不适用于血液化学检验。配成 3.8% 溶液,每毫升可抗凝 10mL 血液。

5. 肝素 肝素是生理性抗凝剂,优点是抗凝作用强,不影响红细胞的大小,对血液化学分析干扰少。但不宜做纤维蛋白原测定,其抗凝血涂片染色时,白细胞的着染性较差。常配成 0.5%～1% 溶液,每毫升可抗凝 30～50mL 血液。

(三)血样的处理

正常情况下,血液采集后应立即进行检验,或放入冰箱中保存。不能立即检验的,应将血片涂好并固定待检。需用血清学时,采血不加抗凝剂,采血后血液置于室温或 37℃ 恒温箱中,待血清析出后,将血清移至容器内冷藏或冷冻保存。需用血浆时,采抗凝血,将其及时离心(2 000～3 000r/min)5～10min,将分离出的血浆收集冷冻保存。在血样的处理中应注意:进行血液电解质检测的血样,血清或血浆不应混入血细胞或溶血;血样保存最长期限,白细胞记数为 2～3h,红细胞记数及血红蛋白测定为 24h,红细胞沉降率为 3h,红细胞压积测定为 24h,血小板记数为 1h。

(四)血液涂片制备和细胞染色

1. 血液涂片制备 血液细胞学检查的基本方法就是用显微镜检查血涂片。血涂片制备要求：厚薄要适宜，头体尾要明显，细胞分布要均匀，血膜边缘要整齐，并留有一定的空隙。

用左手的拇指与食指、中指夹持一洁净载玻片，取被检血液一滴，置于其右端，右手持一边缘光滑平整的载玻片置于血滴前方，并轻轻向右移动，使其与血滴接触，待血液扩散开后，再以 30°～40°角向左匀速推进，即形成一平整血膜，自然风干。所涂血片，血膜应位于玻片中央，两端可留适当空隙，以便于标记（图 2-4）。

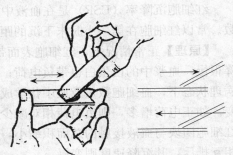

图 2-4　涂制血片方法

血涂片制备过程应注意：血滴愈大、推片角度愈大、推片速度愈快则血膜愈厚，血细胞过度重叠；血滴过小、推片角度过小则血膜过薄，50%的白细胞集中于边缘或尾部；载玻片不清洁、推片时用力不均匀则易导致推片边缘不整齐，血膜不均匀。

2. 细胞染色　血涂片通过染色可观察细胞内部结构，识别各种细胞及其异常变化。目前常用瑞氏染色法和姬姆萨染色法。

（1）瑞氏染色法。不同细胞成分化学性质的不同，其对染料的着色效果也不一样。染色后在同一血片上，可以看到各种不同的颜色。例如，血红蛋白、嗜酸性颗粒为碱性蛋白质，与酸性染料伊红结合，染成红色，称为嗜酸性物质；而细胞核蛋白和淋巴细胞胞质为酸性，与碱性染料美蓝或天青结合，染成紫蓝色或蓝色，称为嗜碱性物质，中性颗粒呈等电状态，与伊红和美蓝均可结合，染成淡紫红色，称为中性物质。

瑞氏染色液的配制：瑞氏染粉 0.1g，甲醇 60.0mL。先将瑞氏染粉置于研钵中，加入少量甲醇研磨溶解，将已溶解的染液倒入洁净的棕色瓶，再在剩下未溶的瑞氏染料中再加入少量甲醇研磨，如此反复操作，直至瑞氏染料全部溶解。将染液在室温中保存一周，每天振摇 1 次，之后，过滤，即可应用。瑞氏染液放置时间越久，其染色效果越好。

染色：将制作好的血片平放于水平支架上；滴加瑞氏染液于血片上，直至将血膜完全覆盖，记下滴加瑞氏染色液的滴数；待染色 1～2min 后，再加入等量磷酸盐缓冲液（pH6.4），并轻轻摇动或用洗耳球吹气，使染色液与缓冲液充分混匀，过 5min 后；用水冲洗血片，吸水纸吸干后镜检。如所得血片呈樱红色者为佳。

（2）姬姆萨染色法。姬姆萨染色对细胞核和寄生虫（如疟原虫等）着色较好，结构显示更清晰，对胞质和中性颗粒则染色较差。

姬姆萨染色液的配制：姬姆萨染粉 1g，中性甘油 66mL，中性甲醇 66mL。

姬姆萨染色液原液：取姬姆萨染料 1.0g 放入研钵中研磨，研细后加入 5mL 中性甘油继续研磨。充分研溶后，再加入中性甘油 61mL，将研钵放入 60℃恒温水浴箱中 2h，促使其彻底溶解。取出冷却后，加入中性甲醇 66mL，过滤于棕色瓶中，放入 37℃恒温箱中 15～30d，移入室温中长期保存备用。染色时取原液 0.5～1.0mL，加 pH6.8 磷酸盐缓冲液 10.0mL，即成应用液。

染色：先将血片用甲醇固定 3～5min，然后置于新配姬姆萨应用液中，染色 30～60min，然后水洗，吸干，镜检。染色良好的血片应呈玫瑰紫色。

（3）瑞—姬氏复合染色法。瑞—姬氏复合染色液的配制：瑞氏染粉 5.0g，姬姆萨染粉 0.5g，甲醇 500mL。

瑞—姬氏复合染色液的配制过程与瑞氏染色液的配制过程类似。

45

染色：先向血片的血膜上滴加染液，经 0.5～1min 后，加等量缓冲液，混匀，再染5～10min，水洗，吸干，镜检。

二、血液常规检验

（一）红细胞沉降率的测定

红细胞沉降率（ESR）是在血液中加入抗凝剂后，一定时间内红细胞向下沉降的毫米数。常以红细胞在第一小时末下沉的距离来表示红细胞沉降的速度。

【原理】正常情况下，红细胞表面带负电荷，红细胞互相排斥而保持悬浮稳定性，沉降很慢，血浆中的白蛋白也带负电荷；血浆中的球蛋白、纤维蛋白原带正电荷。犬、猫在病理状态下，血细胞数量及血中化学成分发生改变，从而使正、负电荷的相对稳定发生改变。如正电荷增多，则负电荷相对减少，红细胞相互吸附，聚集形成串钱状，此种聚集的红细胞团块与血液接触的总面积缩小，受到血浆的阻力减弱而使血沉加快；反之，红细胞相互排斥，其沉降速度则变慢。

【器材】魏氏血沉管与血沉架。

【试剂】3.8％枸橼酸钠溶液、10％乙二胺四乙酸二钠溶液。

【方法】测定血沉的方法有魏氏法、六五型血沉管法、潘氏法、温氏法、微量法等。对犬、猫的测定主要用魏氏法。

魏氏法：魏氏血沉管全长 30cm，内径约 2.5mm，管壁有 0～200 刻度，距离为 1mm，容量 1mL，附有特制的血沉架。测定时，取一刻度试管，加入抗凝剂，采犬、猫颈静脉血，轻轻混合。随后用魏氏血沉管吸取抗凝全血至刻度 0 处，于室温内垂直固定在血沉架上，经 15、30、45、60min，各观察 1 次，分别记录细胞沉降数值。

【注意事项】血沉测定时因方法不同所以测定结果有所出入，故血沉报告中应注明采用的方法；如送检的是抗凝全血，血沉管中则不加抗凝剂；血沉管角度不垂直时会使血沉加快；测定时的室温最好是在 20℃ 左右，室温过高时血沉加快，室温过低时血沉则减慢；血液柱面不应覆盖气泡，气泡可使血沉减慢；采血后应尽快测定，经过冷藏的血液，应先把血液温度回升到 20℃ 左右再行测定；抗凝剂添加应适量，过多会使血液中盐分较大，过少会使血液产生小凝血块，影响血沉结果。各种犬、猫血沉正常值见表 2-1。

表 2-1　犬、猫正常血沉值（min）

动物	时间				测定方法
	15	30	45	60	
犬	0.20	0.90	1.20	2.5	魏氏法
猫	0.10	0.70	0.80	3.00	魏氏法

【临床意义】血沉是一种非特异性试验，不能单独用以诊断任何疾病。

（1）血沉增快。各种贫血、急性或慢性感染、恶性肿瘤、创伤、手术、烧伤、骨折，以及具有组织变性或坏死性疾病（如心肌梗死、胶原组织病等）都有血浆球蛋白和纤维蛋白原的变化，或有异常蛋白进入血液，导致血沉加速。此外，贫血和月经期及妊娠 3 个月后也可以使血沉加速。

（2）血沉减慢。脱水、严重的肝的疾病、黄疸、心脏代偿性功能障碍、红细胞形态异常等均可致血沉减慢。

（3）血沉测定与疾病预后推断。了解疾病的进展程度：炎症处于发展期，血沉增快；炎症处于稳定期，血沉趋于正常；炎症处于消退期，血沉恢复正常。在肿瘤性疾病的鉴别诊断过程中，良性肿瘤血沉基本正常，恶性肿瘤则血沉增快。

（二）红细胞压积容量的测定

红细胞压积容量（PCV）又称压积或比容，指抗凝全血经离心后，测得沉淀的血细胞（主要是红细胞）在全血中占有的比例。常用文氏容积管法。

【材料】红细胞比积管（又称文氏管），5mL 注射器，离心机，含抗凝剂小瓶（双草酸盐混合液 0.5mL 或 10％EDTA 钠 2 滴），毛细滴管。

【试剂配制】

（1）双草酸混合液草酸铵 1.2g，草酸钾 0.8g，加蒸馏水至 100mL。

（2）10％乙二胺四乙酸二钠，取 10g 本品，加蒸馏水至 100mL。

【方法】

（1）准备含有抗凝剂的小瓶　将双草酸混合液 0.5mL（或 10％EDTA，2 滴）放入小瓶中，置小瓶于烤箱烤干。

（2）采血 5mL 注入含有抗凝剂的小瓶中，摇匀，勿使其凝固。

（3）用毛细滴管吸取抗凝血灌入红细胞比积管至刻度"10"处。灌注血液时将毛细滴管先插入红细胞比积管底部，缓慢灌注血液，并同时向上抽提毛细滴管，避免在灌注血液过程中红细胞比积管内产生气泡。

（4）将灌注血液的红细胞比积管以 3 000r/min 的速度离心 30min，读取红细胞柱的高度（读数以红细胞上层的黑线薄层为准）。

$$红细胞的比积＝红细胞高度/10×100％$$

【注意事项】红细胞比积管必须清洁干净；灌血时需按操作方法自管底灌起，以避免产生气泡；离心的条件必须尽可能恒定；检验的抗凝血出现溶血时，不能进行该项检查。

【临床意义】根据红细胞的比积、血红蛋白量及红细胞数的变化，可以对某些疾病进行鉴别诊断。

病理性增高：常见于因各种原因导致机体脱水引起血液浓缩的疾病，如急性胃肠炎、渗出性胸膜炎和腹膜炎、食管梗塞、咽炎、呕吐、肠便秘等。真性红细胞增多症时也可致红细胞比积增高。一般情况下红细胞比积的变化与脱水程度相关，在临床治疗时可根据红细胞比积的变化判定补液的实际效果。

红细胞比积的降低：主要见于各种贫血、溶血性贫血等。

（三）血红蛋白含量测定

每 100mL 血液内所含血红蛋白的克数或百分数。最常用沙利氏法。

【原理】血液与 0.1mol 盐酸作用后，红细胞中的血红蛋白变为棕色酸性血红蛋白，与标准色柱比色，求得每 100mL 血液内所含血红蛋白的百分数或克数。

【器材】沙利氏血红蛋白计，包括标准比色架、血红蛋白稀释管和血红蛋白吸管。标准比色架两侧装有两根棕黄色标准色柱，中有空隙供血红蛋白稀释管插入。血红蛋白稀释管两侧各有刻度，一侧表示所含血红蛋白百分数，另一侧表示每 100mL 血液内所含血红蛋白克数。国产血红蛋白计以每 100mL 血液内含血红蛋白 14.5g 为 100％，血红蛋白吸管刻有容积为"10mm³"与"20mm³"两个刻度。

【试剂】0.1mol 盐酸溶液。配制时可取化学纯盐酸 4mL，加蒸馏水至 100mL 混匀即得。

【测定方法】

（1）于血红蛋白稀释管内加入 0.1mol 盐酸溶液至刻度 10%处。

（2）用血红蛋白吸管吸取血液至 20mm³ 刻度处，用吸水纸拭净管外附着血液，将管内血液缓缓吹入血红蛋白稀释管内的盐酸溶液中，反复将血液与盐酸溶液吹吸混匀，注意不要产生气泡。移去血红蛋白吸管，轻轻摇振血红蛋白稀释管，使血液与盐酸溶液混合而呈褐色。

（3）将测定管插入比色架内，静置 10min。

（4）分次少量的向血红蛋白稀释管中滴加蒸馏水，边加边混匀，边比色，直至血红蛋白测定管液体的颜色与标准比色柱一致为止，读取测定管液体凹面最低处的刻度数，即为 100mL 血液内所含血红蛋白的克数或百分数。

【正常值（每 100mL，g）】猫 16.49±1.27，犬 17.59±3.40。

【临床意义】多种因素引起机体脱水使得血液浓缩从而导致血红蛋白值增高，如腹泻、呕吐、大出汗、多尿等，也见于肠便秘及某些中毒病等；真性红细胞增多及心肺性疾病时，机体的代偿作用也可致红细胞增多，血红蛋白也相应增高。血红蛋白降低多见于各种贫血、血孢子虫病、急性钩端螺旋体病、胃肠寄生虫病及毒物中毒。

（四）红细胞计数（RBC）

【原理】用等渗稀释液将血液稀释一定倍数，充入血细胞计数池，计数一定体积的血液中红细胞的数量，经换算求出每升血液中红细胞数量。

【器材】

（1）血细胞计数板。常用改良纽巴氏计数板。玻板中间有横沟将其分为 3 个狭窄的平台，两边的平台较中间的平台高 0.1mm。中间一平台又有一纵沟相隔，其上各刻有一计数室。每个计数室划分为 9 个大方格，每个大方格面积为 1mm²。四角每一个大方格划分为 16 个中方格，为计数白细胞之用。中央一个大方格用双线划分为 25 个中方格，每个中方格又划分为 16 个小方格，共计 400 个小方格，此为计数红细胞之用。

（2）血盖片。专用计数板的盖玻片，呈长方形，厚度为 0.4mm。

（3）沙利氏吸管，5mL 刻度吸管、试管、显微镜。

（4）稀释液有以下两种，可从中任选一种。

①0.9%氯化钠溶液。

②赫姆氏溶液。氯化钠 1.0g，结晶硫酸钠 5.0g，氯化汞 0.5g，蒸馏水加至 200mL 混合溶解后，过滤后加石炭酸品红液 2 滴。

【试管法测定方法】用 5mL 刻度吸管吸取红细胞稀释液 4.0mL，置于试管中。用沙利氏吸管吸取血液至 20mm³ 刻度处，用吸水纸拭净吸管外壁多余的血液，将此血液吹入试管底部，反复吹吸数次，以洗出沙利氏管内壁黏附的血液，然后试管口加盖，颠倒混合数次。即将血液稀释 200 倍。

计数室充液时，先将血盖片紧密盖于计数室上，用毛细吸管吸取或用玻棒蘸取已稀释的血液，滴放于计数室与血盖片之间空隙处，血液即可自然流入计数室内，数分钟后，红细胞下沉后，即可开始计数。

　　计数时，先用低倍镜，光线不要太强，找到计数室的格子后，把中央大方格置于视野中央，然后转用高倍镜。在此中央大方格内选择四角与中间的 5 个中方格，或用对角线方法计数 5 个中方格。每一中方格有 16 个小方格，所以，总共计数 80 个小方格（图 2-5）。计数时，要注意将压在左边双线上的红细胞计数在内，压在右边双线上的不要计入；同样，压在上线的计入，压在下线的不计入，此即所谓"数左不数右，数上不数下"的计数法则（图 2-6）。

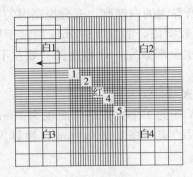

图 2-5　血细胞计数室

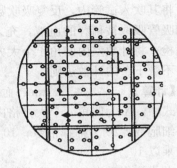

图 2-6　红细胞计数

　　【计算】　　　　$1mm^3$ 中的红细胞个数 $=X/80\times400\times200\times10$

　　式中：X 为 5 个中方格即 80 个小方格内的红细胞总数；400 为 1 个大方格有 400 个小方格，即 $1mm^2$ 面积内共有 400 个小方格；200 为稀释倍数（实际稀释 201 倍，由于仅影响 0.5%，误差恒定，为计算方便，仍按 200 倍计）；10 为血盖片与计数板间的，实际高度是 $1/10mm$，乘 10 后，则为 $1mm$，上式简化后为：$X\times10\,000=$ 个/mm^3

　　在填写检验报告单时用"$\times10^{12}$ 个/L"表示。

　　【注意事项】红细胞计数时应注意防止血液凝固、溶血，取样应尽可能准确。

　　稀释的血液充入计数室时量不可过多或过少，过多可使血盖片浮起使计数结果偏高，过少则在计数室中形成小的空气泡，使计数结果偏低；显微镜载物台应保持水平，以防计数室内的血液流向一侧而影响计数结果；严格按照"数左不数右，数上不数下"的计数法则来计数；器械清洗方法：沙利氏吸血管或专用红细胞稀释管，每次用后，先用清水吸吹数次，然后在蒸馏水、酒精中依次分别吸吹数次，待干后下次备用。细胞计数板用蒸馏水冲洗后，浸入 95% 酒精中备用。临用前取绸布轻轻擦干即可，切不可用布擦拭。

　　【正常值（$\times10^{12}$ 个/L）】犬 5.0～8.7，猫 6.6～9.7。

　　【临床意义】红细胞数增多可分为相对性增多和绝对性增多。相对性增多，见于各种原因导致的脱水，如急性胃肠炎、肠便秘、肠变位、渗出性胸膜炎与腹膜炎、日射病与热射病、某些传染病及发热性疾病；绝对性增多，偶见于中老年犬、猫，也有由于代偿性作用而使红细胞绝对数增多的，见于代偿机能不全的心脏病及慢性肺部疾病。

　　红细胞减少，见于各种原因引起的贫血、营养代谢病、血孢子虫病、白血病及恶性肿瘤。此外，红细胞生成不足或破坏增多，也可导致红细胞数显著减少。

　　（五）白细胞计数（WBC）

　　【原理】一定量的血液用冰醋酸溶液稀释后，可将红细胞破坏，然后在细胞计数板的计数室内计数一定容积的白细胞数，以此推算出每立方毫米血液内白细胞数。此项检验需与白细胞分类计数相配合，才能正确分析与判断疾病。

【器材】 血细胞计数板，沙利氏吸血管，0.5mL或1mL吸管，小试管，显微镜。白细胞稀释液为3%（体积分数）的冰醋酸溶液，混合后加2滴10%结晶紫或1%美蓝染液，使之呈淡紫色，以便与红细胞稀释液相区别。

【方法】 取洁净、干燥的小试管一支，向其中加入白细胞稀释液0.38mL（亦可0.4mL）；用沙利氏吸管吸取被检血至"20"刻度处（即20μL），拭去管外所黏附的血液，然后将其吹入试管内，反复吸吹数次，以洗净管内所黏附的白细胞，充分振荡混匀；再用毛细吸管吸取被稀释的血液，充入已盖好玻片的计数室内，静置1～2min后，于低倍镜下镜检；将计数室内四角4个大方格内的白细胞依次全部数完，计数遵循"数左不数右，数上不数下"的计数法则。

【计算】 $$1mm^3 \text{血液中白细胞个数} = X/4 \times 20 \times 10$$

式中：X为四角4个大方格内的白细胞总数；$X/4$为1个大方格（面积为$1mm^3$）内的白细胞数；20为稀释倍数；10为盖玻片与计数板的实际高度是0.1mm，换算为1mm时应乘以10。

上式简化后为：白细胞个数$/1mm^3 = X \times 50$

在填写检验报告单时用"$\times 10^9$个/L"表示。

【注意事项】 与红细胞计数注意事项相同；容易将尘埃物与白细胞相混淆，可用高倍镜观察，白细胞有细胞核的结构，而尘埃异物形状呈不规则，无细胞结构；初生动物、妊娠末期、剧烈运动、疼痛等都可使白细胞轻度增加；白细胞计数同白细胞分类计数相配合，方能正确分析与判断疾病。

【白细胞数值（$\times 10^9$个/L）】 犬6.8～11.8，猫5.0～15.0。

【临床意义】 白细胞增多见于细菌和真菌感染、炎症、白血病、肿瘤、急性出血性疾病以及注射异源蛋白之后。白细胞减少见于某些病毒性传染病、长期使用某些药物或一时用量过大（如磺胺类药物）、动物的濒死期、某些血液原虫病、营养衰竭症。

（六）白细胞分类计数（DBC）

将被检血液涂片，姬姆萨或瑞氏法染色0.5～1min后，加等量缓冲液，混匀，再染5～10min，水洗，吸干，镜检计数。先用低倍镜做大体观察，如染色合格，再换用油镜计数。通常在血片的两端或两端染色后油镜观察，求出各种白细胞所占百分比。

【镜检技术】 先用低倍镜检视血涂片上白细胞的分布情况，一般是粒细胞、单核细胞及体积较大的细胞分布在血涂片的上、下缘及尾端，淋巴细胞多分布于血片的起始端。滴加显微镜油，转过油镜头进行分类计数。

计数时，为避免重复和遗漏，可用四区法、三区法或中央曲折计数推移血涂片，记录每一区的各种白细胞数。每张血涂片最少计数100个白细胞，连续观察2～3张血涂片，求出各种白细胞的百分比。

记录时，可用白细胞分类计数器，也可事先设计一表格，用画"正"字法记录，以便于统计百分数。

白细胞分类计数时，必须要正确识别各型白细胞。各种白细胞的形态特征主要依据其细胞核及细胞浆的特有形状而加以辨别，并应注意细胞的大小。各种白细胞的形态特征见表2-2、表2-3。

表 2-2　各种白细胞的形态特征（瑞氏染色法）

白细胞种类	细胞核					细胞质			
	位置	形状	颜色	核染色质	细胞核膜	多少	颜色	透明带	颗粒
嗜中性幼年型	偏心性	椭圆	红紫色	细致	不清楚	中等	蓝、粉红色	无	红或蓝、细致或粗糙
嗜中性杆状核	中心或偏心性	马蹄形或腊肠形	浅紫蓝色	细致	存在	多	粉红色	无	嗜中、嗜酸、嗜碱
嗜中性分叶核	中心或偏心性	3～5叶者居多	深紫蓝色	粗糙	存在	多	浅粉红色	无	粉红色或紫红色
嗜酸性粒细胞	中心或偏心性	2～3叶者居多	较淡紫蓝色	粗糙	存在	多	蓝、粉红色	无	深红，分布均匀
嗜碱性粒细胞	中心性	叶状核不太清楚	较淡紫蓝色	粗糙	存在	多	浅粉红色	无	蓝黑色，分布不均匀,大多在细胞的边缘
淋巴细胞	偏心性	圆形或微凹入	深蓝紫色	大块或中等块或致密	浓密	少	天蓝深蓝或淡红色	如胞浆深染时存在	无或少数嗜天青的蓝色颗粒
大单核细胞	偏心或中心性	豆形山字形或椭圆形	淡紫蓝色	细致网状边缘不齐	存在	很多	灰蓝或云蓝色	无	很多，非常细小，淡蓝色

表 2-3　健康犬、猫白细胞分类计数的百分比

动物种类	项目	嗜碱性粒细胞	嗜酸性粒细胞	中性粒细胞		淋巴细胞	大单核细胞
				杆核型	分叶型		
犬	平均数 变动范围	稀少 稀少	4.0 2.0～10.0	1.5 0～3.5	68.5 60.0～77.0	20.0 12.0～30.0	5.2 3.0～10.0
猫	平均数 平均数	稀少 稀少	5.5 2.0～12.0	1.5 0～3.0	55.0 35.0～75.0	32.0 20.0～55.0	3.0 1.0～4.0

【临床意义】

1. 中性粒细胞

（1）中性粒细胞增多。病理性中性粒细胞增多，见于急性胃肠炎、肺炎、子宫内膜炎、急性肾炎、乳房炎等急性炎症，化脓性胸膜炎、化脓性腹膜炎、肺脓肿、蜂窝织炎等化脓性炎症，酸中毒及大手术后1周内。

（2）中性粒细胞减少。见于犬瘟热、流行性感冒和传染性肝炎等病毒性疾病，各种疾病的垂危期及某些中毒病等。

2. 中性粒细胞的核象变化

（1）中性粒细胞核左移。当中性杆状核粒细胞超过其正常参考值的上限时，称为轻度核左移；若超过其正常参考值上限的1.5倍，且伴有少数中性晚幼粒细胞时，称为中度核左移；当超过白细胞总数的25%，且伴有更幼稚的中性粒细胞时，称为重度核左移。中性粒细胞核左移时，还常伴有程度不同的中毒性改变。

核左移伴有白细胞总数增高，称为再生性核左移，表示骨髓造血机能增强，机体处于积极防御阶段，常见于感染、急性中毒、急性失血和急性溶血；核左移而白细胞总数不

51

高，甚至减少者，称退行性核左移，表示骨髓造血机能减退，机体抗病力降低，见于严重的感染、败血症等；当白细胞总数和中性粒细胞百分率稍增高，有轻度核左移，表示感染程度轻，机体抵抗力较强；若白细胞总数和中性粒细胞百分率均增高，有中度核左移及中毒性改变，表示有严重感染；而当白细胞总数和中性粒细胞百分率明显增高，或白细胞总数并不增高甚至减少，但有显著核左移及中毒性改变，则表示病情危急。

（2）中性粒细胞核右移。核右移是由于缺乏造血物质使脱氧核糖核酸合成障碍所致。在病程中如出现核右移，则表明病情危重或机体高度衰竭，预后通常不良，多见于重度贫血、重度感染和应用抗代谢药物治疗疾病之后。

3. 嗜酸性粒细胞

（1）嗜酸性粒细胞增多。见于肝片吸虫、球虫、旋毛虫、丝虫、钩虫、蛔虫、疥癣等寄生虫感染，荨麻疹、食物过敏、血清过敏、药物过敏及湿疹等疾病。

（2）嗜酸性粒细胞减少。见于尿毒症、毒血症、严重创伤、中毒和过劳等。

4. 嗜碱性粒细胞　见于慢性溶血、慢性恶性丝虫病和高血脂症等。由于嗜碱性粒细胞在外周血液中很少见，故其减少无临床意义。

5. 淋巴细胞

（1）淋巴细胞增多。见于慢性传染病、急性传染病的恢复期等。

（2）淋巴细胞减少。见于中性粒细胞绝对值增多时的各种疾病，如急性胃肠炎、化脓性胸膜炎等。也见于应用肾上腺皮质激素后等。

6. 单核细胞

（1）单核细胞增多。见于焦虫病、锥虫病等原虫性疾病，慢性细菌性传染病及疾病恢复期。

（2）单核细胞减少。见于急性传染病的初期及各种疾病的濒危期。

（七）血小板计数（BPC）

【原理】通过破坏血液中的红细胞和白细胞而保留血小板的形态，经一定比例稀释后在细胞计数室内直接计数，计算出每毫米^{3}血液内的血小板数。

【试剂】血小板计数所用的稀释液种类很多，较常用的稀释液为复方尿素稀释液，其中的枸橼酸钠有抗凝作用，甲醛可固定血小板的形态。

尿素 10.0g，枸橼酸钠 0.5g，40％甲醛溶液 0.1mL，蒸馏水加至 100.0mL。将上述试剂混合溶解，过滤后即可使用。

【方法】吸取稀释液 0.38mL 置于小试管中。

用沙利吸血管吸取末梢血液或用加有 EDTA-Na$_2$ 抗凝剂的新鲜静脉血液至 20mm^3 刻度处，擦去管外黏附的血液，插入小试管反复吹吸数次，静置 20min 以上，使红细胞溶解。

充分混匀后，用毛细吸管吸取 1 小滴，充入计数室内，静置 10min，用高倍镜观察。在计数室中任选一个大方格，按计数法则计数。在显微镜下计数时，血小板形状多样，应注意辨别尘埃、杂质等异物。

【计算】　　　　　　每立方毫米中血小板个数＝$X \times 20 \times 10$

式中：X 为 1 个大方格中的血小板数；20 为稀释倍数；10 为计算室与血盖片之间的高度为 1/10mm，乘 10 后则为 1mm。

上式简化后为：$X \times 200 =$ 血小板个数/mm^3

在填写检验报告单时用（×10⁹ 个/L）表示。

【注意事项】 器材必须清洁，稀释液必须新鲜无沉淀，否则影响计数结果。采血要迅速，血小板离体后易出现破裂、聚集从而造成误差，故采血、计数应在较短时间内完成；血液滴入计数室前要充分振荡，使红细胞充分溶解，但过分震荡则可能破坏血小板；血小板体积小，质量较轻，显微镜下常不在同一焦距的平面上，故计数时应利用显微镜的微螺旋来调节焦距，准确计数。

【正常值（×10⁹ 个/L）】 犬：550；猫：500。

【临床意义】 正常犬、猫的血小板值每天都有一定变化，剧烈运动、进食、午后、妊娠中晚期轻度升高。

血小板病理性减少：骨髓造血功能障碍导致血小板生成减少，如再生障碍性贫血、急性白血病、放射病、抗癌药的应用等；血小板破坏增加而致的血小板减少，如原发性血小板减少性紫癜、脾功能亢进、体外循环等；血小板消耗过多而致的血小板减少，如弥散性血管内凝血、血栓性血小板减少性紫癜；感染或中毒，如败血症、化学药物中毒等。

血小板病理性增多：组织受损及术后特别是脾切除后；慢性粒细胞白血病、多发性骨髓瘤、血小板增多症、真性红细胞增多症、恶性肿瘤的早期；急性反应，如急性感染、急性失血、急性溶血等。

任务二　血液生化学检验

◇**【目的要求】**

会进行实验室血液生化多个指标的检测，并熟悉各项血液生化指标检查的临床意义。

◇**【器材要求】**

实验用犬、猫、保定器材、血液生化检查常用材料。

◇**【学习场所】**

宠物疾病实验室诊断实训中心。

学习素材

一、血液葡萄糖测定（费吴氏法）

【原理】 无蛋白血滤液中的葡萄糖，具有还原性，与碱性高铜混合加热后，将高铜还原成氧化低铜而呈红色沉淀，此沉淀物再被磷钼酸氧化成蓝色物质。与同样处理的标准葡萄糖管比色，而求得血糖含量。

【试剂】

（1）0.25%苯甲酸溶液。取苯甲酸2.5g，溶于煮沸蒸馏水1 000mL中。冷却后，应用时吸取上清液。本品为防腐剂，放在冷暗处，可较久地保存。

（2）葡萄糖贮存标准液（1mL含10mg葡萄糖）。取少量化学纯葡萄糖，置硫酸或氯化钙干燥器内过夜后，精确称取已干燥葡萄糖1g，置于100mL量瓶中，加0.25％苯甲酸溶液至刻度，混匀使之完全溶解。

（3）葡萄糖应用标准液。取葡萄糖贮存标准液5mL，置500mL量瓶中，加0.25％苯甲酸溶液至刻度处混均。此液至少可保存半年。

（4）碱性铜溶液。

无水碳酸钠（化学纯）	40g
酒石酸（化学纯）	7.5g
结晶硫酸铜（化学纯）	4.5g
蒸馏水	加至1 000mL

配法：先将无水碳酸钠溶于400mL蒸馏水中；酒石酸溶于300mL蒸馏水中；硫酸铜溶于200mL蒸馏水中；均可加热助溶。待各液完全溶解，冷却后，依次倾入1 000mL量瓶中，混匀，补加蒸馏水至刻度。此试剂如呈蓝色，则不能应用。

（5）磷钼酸试剂。

氢氧化钠	40g
钼酸（化学纯）	70g
钨酸钠（化学纯）	10g
浓磷酸（浓度85％，相对密度1.71）	250mL
蒸馏水	加至1 000mL

配法：将氢氧化钠溶于约800mL蒸馏水中，再加入钼酸和钨酸钠。为除去钼酸内可能存的残氮，煮沸20～50min至容器内无氨气为止，冷却后，倾入1 000mL量瓶中，并以少量蒸馏水冲洗原容器壁，一并倾入量瓶。加入浓磷酸，最后加蒸馏水稀释至刻度。滤过，装于棕色瓶中，避光保存备用。此液应为无色或极淡绿色溶液。如保存不当，而变为黄绿色或蓝色，表示本身已被还原，不能应用。

（6）10％钨酸钠溶液。此液应为中性，如过酸或过碱，可用N/10硫酸或N/10氢氧化钠液校正。

（7）2/3mol/L硫酸溶液。取当量硫酸溶液2份加蒸馏水1份，混合即得。

【操作方法】

（1）制备无蛋白血滤液50mL。制备时常用钨酸钠法。其步骤是：取小烧杯或大试管一支，先盛蒸馏水7mL，再加入新鲜抗凝血1mL，充分混匀，使之溶血。然后，加入10％钨酸钠溶液1.0mL，混匀。最后，徐徐加入2/3mol/L硫酸溶液1mL，随加随摇，充分混匀。放置5～10min后，用优质滤纸过滤或离心沉淀，即可获得无色清亮无蛋白血滤液以备使用。

此法所得无蛋白血滤液近中性，不仅适用于葡萄糖的测定，还可用于非蛋白氮、尿素氮，肌酐等的测定。

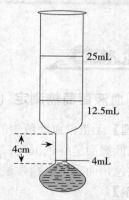

图2-7 血糖测定管

（2）取血糖测定管3支（图2-7），分别标明测定管、标准管及空白管，按表2-4操作。

表 2-4　操作步骤

步　骤	测定管	标准管	空白管
无蛋白血滤液	2mL	—	—
葡萄糖标准应用液	—	2mL	—
蒸馏水	—	—	2mL
碱性铜溶液	2mL	2mL	2mL

混合后，于沸水中煮沸 8min（严守时间），取出后浸于冷水 2～3min（不可摇动），分别于测定管、标准管、空白管中加入磷钼酸试剂各 2、2、2mL。混合后，于室温内静置 2min，再分别于 3 个管中加蒸馏水加至 25、25、25mL。混匀，待管内二氧化碳逸出后比色。选用 620nm 滤光板比色，读取各管光密度。

【计算】

$$\frac{每\ 100mL\ 血液中}{葡萄糖（每\ 100mL，mg）}=\frac{测定管光密度}{标准管光密度\times0.2\times100/0.2}$$

【注意事项】

（1）血糖测定管必须符合标准，否则不能应用。

（2）试剂若已变质应废弃，重新鲜配制。例如，碱性硫酸铜溶液有黄色沉淀，或磷钼酸试剂变为蓝色均表示已变质，应重新配制。

（3）血液标本必须新鲜，不能放置过久，否则血糖易分解，致使血糖偏低。如不能及时测定，则应先制成无蛋白血滤液后，放冰箱内保存。

【正常值（每 100mL，mg）】犬：70～100，猫：8～10。

【临床意义】

（1）增高。血糖增高是由于肝糖分解的加速或组织对葡萄糖利用的减小所致。

病理性血糖增高：胰岛素分泌不足时，如糖尿病；高血糖激素分泌过多时，如甲状腺功能亢进、垂体前叶功能亢进、肾上腺皮质功能亢进、嗜铬细胞瘤、皮质醇增多症等；脱水时，也可见血糖相对增高。

暂时性血糖增高：见于全身麻醉后、肺炎、肾炎、颅内压增高、颅脑外伤、中枢神经感染、缺氧窒息。

（2）降低。血糖降低是由于肝糖原分解降低或组织对葡萄糖的利用增加所致。

病理性血糖降低：见于胰岛 β 细胞瘤、肾上腺皮质功能减退、甲状腺功能减退、严重肝病等。

（3）生理性血糖降低。多见于长时间剧烈运动之后、严重饥饿时、妊娠及哺乳期等。

二、血清总蛋白、白蛋白及球蛋白测定（双缩脲法）

【原理】蛋白质是由许多氨基酸通过肽键（—CONH—）相互结合而成，肽键在碱性溶液中能与铜离子作用产生紫红色络合物。此反应与两个尿素分子缩合后生成的双缩脲在碱性情况下与铜离子作用形成的紫红色反应相似，故称双缩脲反应。根据反应产生颜色深浅的不同，与同样处理的蛋白标准溶液比色，求得血蛋白质含量。

【试剂】

（1）27.8%硫酸钠-亚硫酸钠混合液。

硫酸钠（化学纯）　　　　　　208g

无水亚硫酸钠（化学纯）　　　70g

浓硫酸	2mL
蒸馏水	加至1 000mL

配法：将亚硫酸钠研碎，同硫酸钠一起放入烧杯中。将硫酸2mL加入约500mL蒸馏水中，然后再把含酸蒸馏水倾入烧杯中，随加随搅拌，溶解后全部移至1 000mL容量瓶中，加蒸馏水至刻度处，混匀备用。

（2）双缩脲试剂。

硫酸铜（化学纯）	1.5g
酒石酸钾钠（化学纯）	6g
10%氢氧化钠液	300mL
蒸馏水	加至1 000mL

配法：先将硫酸铜与酒石酸钾钠分别溶于250mL蒸馏水中，将二液混合倾入1 000 mL量瓶中，加入10%氢氧化钠溶液300mL，边加边混匀，再加蒸馏水至刻度处，保存备用。此试剂保存过程中发现有暗色沉淀时应不用。

【操作方法】

（1）制备标准血清及测定其总蛋白量。无标准血清时，可采集健康犬、猫血清混合而成标准血清，用微量定氮法测定其总蛋白量含量。

微量定氮法所用试剂与非蛋白氮试剂相同，其操作方法：先取血清1mL置于50mL量瓶中，加0.9%氯化钠溶液至刻度处混匀，即50倍稀释，供测定血清总蛋白用。再用血清制备无蛋白血滤液（具体方法同用全血制备无蛋白血滤液法），供测定血清非蛋白氮用。最后按表2-5进行操作计算标准血清所含总蛋白量。

表2-5　操作步骤

步　　骤	总蛋白测定管	非蛋白氮测定管	标准管	空白管
硫酸铵标准液（mL）	0	0	1.0	0
0.9%氯化钠稀释血清（mL）	0.2	0	0	0
无蛋白血滤液（ml）	0	1.0	0	0
50%硫酸溶液（mL）	0.2	0.2	0.2	0.2
玻璃珠（粒）	1	1	1	0

除空白管外，均需加热消化，至管中充满白烟，管底液体由黑色转变为无色透明为止，冷却。分别于4个管中加蒸馏水至7、7、7、7mL，再分别加入碘化汞钾试剂应用液3、3、3、3mL，混匀后，用440nm或蓝色滤光板光电比色，以空白调节光密度到0点，分别读取各管读数，记录。

【计算】

每1 000mL血清内含氮毫克数＝总蛋白测定管光密度/标准管光密度×0.03×100/0.004

＝总蛋白测定管光密度/标准管光密度×750

每1 000mL血清内含非蛋白氮毫克数＝总蛋白测定管光密度/标准管光密度×30

每1 000mL血清内含总蛋白质克数＝（含氮量－非蛋白氮）×6.25/1 000

若为15%氯化钠溶液稀释此标准血清（3份加1份），配成1∶4的贮存标准血清，置冰箱内备用，可保存1个月。

（2）制备标准血清应用液。取未经稀释标准血清0.2mL，加27.8%硫酸钠-亚硫酸钠混合液 3.8mL，混匀，备用。

（3）制备被检血清总蛋白混悬液与白蛋白澄清液。取被检血清 0.2mL 置试管中，加入 27.8％硫酸钠-亚硫酸钠混合液 3.8mL，塞住管口，倒转混合 10 次（不宜过多过少）即得总蛋白混悬液，放置片刻，待气泡上升后，取此混悬液 1mL，加入已标定总蛋白测定管内，作总蛋白测定；向剩余部分内加入乙醚（化学纯）2.5mL，摇振约 40 次混匀后，以 2 500r/min 离心沉淀 5min。此时，试管内液体分为三层，上层为乙醚，中层为白色球蛋白，下层为清澈白蛋白液。斜执试管，使球蛋白与管壁分离后，用 1mL 吸管小心吸取下层澄清的白蛋白液 1mL，不可触及球蛋白块使之破碎，加入已标定白蛋白测定管内，供测定白蛋白用。

（4）按表 2-6 操作测定被检血清总蛋白及白蛋白含量。

表 2-6　操作步骤

步　骤	总蛋白测定管	非蛋白氮测定管	标准管	空白管
被检血清总蛋白混悬液（mL）	1.0	0	0	0
被检血清白蛋白澄清液（mL）	0	1.0	0	0
标准血清应用液（mL）	0	0	1.0	0
27.8％硫酸钠-亚硫酸钠混合液（mL）	0	0	0	1.0
双缩脲试剂	4.0	4.0	4.0	4.0

充分混匀，置 37℃恒温箱或室温暗处 30min 后，以 540nm 或绿色滤光板光电比色，以空白管校正光密度到 0 点，读取各管读数，记录。

计算：

被检血清总蛋白量（每 100mL，g）＝总蛋白测定管光密度/标准管光密度×标准血清总蛋白量（每 100mL，g）

被检血清白蛋白量（每 100mL，g）＝白蛋白测定管光密度/标准管光密度×标准血清总蛋白量（每 100mL，g）

被检血清球蛋白量（每 100mL，g）＝被检血清总蛋白量（每 100mL，g）－被检血清白蛋白量（每 100mL，g）

【正常值】 总蛋白：犬 60～78g/L；猫 65～81g/L。白蛋白：犬 29～40g/L；猫 31～42g/L。

【临床意义】

（1）总蛋白增高：见于重症脱水（如严重腹泻、呕吐）、水分摄入障碍的失水、糖尿病、酸中毒、休克。

（2）总蛋白降低：见于长时间重度蛋白尿的各种肾病、肝硬化腹水、营养不良、重度甲状腺功能亢进、中毒、大量出血及贫血。

（3）白蛋白增高：见于严重腹泻、呕吐、饮水不足、烧伤造成的脱水及大出血，致使血浆浓缩而白蛋白相对增高。

（4）白蛋白降低：见于以下 4 种情况。

①白蛋白丢失过多。肾病综合征时由于大量排出蛋白而使白蛋白极度降低。另外，严重出血，大面积烧伤，以及胸、腹腔积水亦可致白蛋白降低。

②白蛋白合成功能不全。慢性肝疾病，如肝硬化使得合成蛋白的功能减弱，以及恶性

贫血和感染。

③蛋白质摄入量不足。营养不良、消化吸收功能不良、妊娠、哺乳期蛋白摄入量不足。

④蛋白质消耗过大。糖尿病及甲状腺功能亢进，各种慢性、热性、消耗性疾病，感染、外伤等。如蛋白量补充不足，消耗过多致使白蛋白减低。

（5）球蛋白增高：见于肝硬化、丝虫病、多发性骨髓瘤、肺炎、风湿热、细菌性心内膜炎、活动期结核病。

三、血清无机磷测定

血清中无机磷含量与钙有一定关系，通常钙、磷浓度（mg%）乘积等于40，二者的乘积小于35，即可发生佝偻病或骨软病等营养性骨病。

【原理】 以三氯醋酸沉淀蛋白，在无蛋白滤液中加入钼酸铵试剂，与无机磷结合成磷钼酸，再以硫酸亚铁为还原剂，还原成蓝色化合物，进行比色测定。

【试剂】

（1）三氯醋酸-硫酸亚铁溶液　称取硫脲 10g、硫酸亚铁（$FeSO_4 \cdot 7H_2O$）10.6g 和三氯醋酸 100g，以去离子水溶解并稀释至 1L，置冰箱保存。

（2）钼酸铵溶液　钼酸铵 4.4g，溶解于约 40mL 去离子水中，取浓硫酸 9mL，逐滴加入约 40mL 去离子水中，将两液混合，以去离子水稀释至 100mL。

（3）无机磷标准贮存液（1mL＝1mgP）　无水磷酸二氢钾（KH_2PO_4）4.39g，用去离子水溶解后移入 1L 容量瓶中，并稀释至刻度，再加入氯仿 2mL 防腐，置冰箱中保存。

（4）无机磷标准应用液（1mL＝0.04mgP 或 1.29mmol/L）取无机磷标准贮存液 4mL，加入 100mL 容量瓶中，以去离子水稀释至刻度，加入 1mL 氯仿防腐，置冰箱中保存。

【操作方法】 取血清 0.2mL，加入三氯醋酸-硫酸亚铁液 4.8mL，充分混匀，放置 10min 后，离心沉淀。无机磷标准也同样处理，然后按表 2-7 操作。

表 2-7　无机磷测定操作步骤（mL）

加入物	测定管	标准管	空白管
去蛋白血滤液	4.0	—	—
处理后磷标准液	—	4.0	
三氯醋酸-硫酸亚铁液	—	—	4.0
钼酸铵溶液	0.5	0.5	0.5

混匀，放置 15min，用分光光度计，在 640nm 波长，10mm 光径比色杯，以空白管调零，读取各管的吸光度。

【计算】

$$血清无机磷（mol/L）＝测定管吸光度/标准管吸光度 \times 1.29$$
$$血清无机磷（mg/dL）＝血清无机磷（mmol/L）/0.323$$

【注意事项】

（1）在血清管中加入三氯醋酸-硫酸亚铁液时速度要慢，使蛋白沉淀物呈细颗粒，如蛋白沉淀呈片状，可将磷包裹在其中，使测定结果偏低。

（2）若用本法作尿磷测定，先用50％（体积分数）盐酸将尿液pH调至6.0，然后用蒸馏水作1：10稀释，其操作步骤与血清相同。

【正常值】犬0.81～1.87mmol/L；猫1.23～2.07mmol/L。

【临床意义】

（1）血中无机磷含量升高，见于肾的炎症，尤其是晚期尿毒症阶段。甲状旁腺功能过低症，维生素D过多中毒期，低蛋白白血症，幼年动物，骨折愈合期，全血长期贮存造成酯化的磷酸盐被分解，磷被释放出来。高磷低钙的饲料。

（2）无机磷降低，见于营养缺乏及吸收不良，甲状旁腺机能亢进、维生素过多症、骨软化症、佝偻病、糖尿病酸中毒阶段等。

四、血清氯化物测定

血中的氯化物约有1/3分布于红细胞，2/3分布于血浆，因此测定时一般采用血清或血浆。如用全血，则红细胞数量的变化势必影响测定结果，以致不能解释其临床意义。

【原理】无蛋白血滤液内的氯化物，与已知量的硝酸银作用，沉淀为氯化银，再以硫酸铁铵为指示剂，以硫氰酸铵滴定剩余的硝酸银（如有多余的硫氰酸铵存在，即可与硫酸铁铵作用形成棕红色的硫氰酸铁），而求出氯化物之含量。

【试剂】

（1）硝酸银标准液（1mL：1mg氯或1.65mg氯化钠）。精确称取纯硝酸银4.791g，加蒸馏水至1 000.0mL，保存于棕色瓶内。

（2）硫氰酸铵溶液。取硫氰酸铵约2.5g，加蒸馏水至1 000.0mL，此溶液需要硝酸银标准液滴定以校正之。

取100mL锥形容量瓶，内盛蒸馏水10mL，纯浓硝酸5mL，硝酸银标准液5mL，混匀后，再加入硫酸铁铵液5mL，以初步配制的硫氰酸铵液慢慢滴定，随滴随摇，至锥形瓶内液体显棕红色且持续15s不退色为止，记录用量。经计算后加入蒸馏水，使硫氰酸铵液5mL恰好相当于硝酸银标准液5mL。

（3）6％硫酸铁铵液。

（4）纯浓硝酸（相对密度1.42）。

【操作方法】制备无蛋白血滤液，取血清1.0mL，蒸馏水7.0mL，10％钨酸钠溶液1.0mL，2：1的0.5mol/L硫酸1.0mL，混匀，5min后过滤即得。

（1）取无蛋白血滤液5.0mL（含血清0.5mL置于锥形瓶中）。

（2）加硝酸银标准液5.0mL，摇匀。

（3）加纯浓硝酸5.0mL，摇匀，静置5min，使氯化银沉淀。

（4）加6％硫酸铁铵液5.0mL，摇匀。

（5）用硫氰酸铵液滴定，每滴加一滴后摇匀，下置白纸以便于观察，至出现绯红色持续15s为止，记录所消耗的硫氰酸铵的用量，注意滴定应迅速，以免氯化银分解成硫氰酸银，使结果减低。

【注意事项】

（1）加入硝酸除能阻止氯化银沉淀外，并将氯化银集中而减少暴露面积，因此可阻止氯化银和硫氰酸铵作用而又变成硫氰酸银。

（2）硫酸铁铵除指示终点外，更能阻止硫氰酸铁的离解，使终点颜色显著。

【正常值】犬 104～116mmol/L；猫 110～123mmol/L。

【临床意义】

（1）血清氯化物浓度升高：见于氯化物排出减少，如急性或慢性肾小球炎，胆道结石，心力衰竭；氯化物摄入过多，静脉输入高渗盐水而肾排出不良时；急性或慢性肾小球肾炎所致的肾功能不全，或尿道、输尿管阻塞及心力衰竭时，肾排泄功能降低，氯化钠摄入或注射过多及呼吸性碱中毒等。

（2）血清氯化物浓度降低，见于剧烈呕吐、严重腹泻、急性胃肠炎、急性胃扩张、小肠变位等，丢失大量含氯的胃液、胰汁及胆汁等，慢性肾上腺皮质机能减退、重症糖尿病，排尿过多，丢失大量氯化物，长期应用利尿剂或大量出汗及持续性拒食等。

五、血清钠测定

【原理】钠离子与焦锑酸钾作用，产生不溶性的沉淀，此沉淀在酸性溶液中溶解，并能使碘化钾释出游离碘。

【试剂】

（1）1％焦锑酸钾溶液。取碱式焦锑酸钾 1.0g，加蒸馏水 100.0mL，煮沸溶解。如无碱式焦锑酸钾，也可用酸式焦锑酸钾 1.0g，加 10％氢氧化钾 1.5mL 及蒸馏水 100.0mL，煮沸溶解。冷却后，补充蒸馏水至 100.0mL，过滤装瓶备用。本试剂配制后应做质量检查，即取试剂 1mL 加无水乙醇 0.2mL，不应发生混浊，否则应另选优质原料重新配制。

（2）钠标准液（1mL＝150mmol/L）：干燥氯化钠（二级试剂）8.775g；蒸馏水加至 1 000.0mL。取氯化钠置 110℃干燥箱中干燥 2h，于硫酸干燥器中冷却后准确称量，再在 1 000mL 容量瓶中加蒸馏水，溶解至 1 000.0mL。

（3）5mol/L 硫酸，取蒸馏水约 700mL 于三角烧瓶中，缓缓加浓硫酸（98％，相对密度 1.84）289mL，边加边混合，冷至室温后加蒸馏水至 1 000.0mL。以 1mol/L 氢氧化钠滴定并校正硫酸为 5mol/L。

（4）乙醇。无水乙醇或 95％乙醇。

（5）30％乙醇，无水乙醇 30.0mL，加蒸馏水 70.0mL。

（6）1％淀粉指示剂。取可溶性淀粉 1.0g 于烧杯，加少量蒸馏水调成糊状，在不断搅拌下加入蒸馏水 80mL，置沸水浴中隔水加热并不断搅拌使之溶解。冷却后，以蒸馏水补足至 100.0mL，混匀即可使用。

（7）0.5％硫代硫酸钠溶液。取硫代硫酸钠 1.0g，蒸馏水加至 200.0mL。

（8）碘化钾溶液。20％碘化钾溶液。

【方法】

（1）取离心管 2 支，标明测定管及标准管，分别加血清及钠标准液 0.1mL。

（2）各加 1％焦锑酸钾溶液 1.0mL，混匀，静置 5min。

（3）各加无水乙醇 0.3mL，混匀，静置 30min。

（4）以 3 000r/min 离心沉淀 3min，倾去上清液。

（5）以 30％乙醇 2mL 洗涤沉淀 2 次，倾去洗液，倒扣试管于滤纸上片刻，使乙醇流尽。

（6）加 5mol/L 硫酸 0.5mL 溶解沉淀，溶后加蒸馏水 1.0mL，20％碘化钾溶液 0.1mL、可溶性淀粉指示剂 0.05mL，混匀。

（7）分别以 0.5％硫代硫酸钠溶液滴定至蓝色全部消失为止。记录每管所消耗硫代硫酸钠用量（mL）。

【注意事项】

（1）所用玻璃仪器应清洁，且无钠盐污染。

（2）洗涤沉淀时应防止沉淀物损失。

（3）加硫酸溶解沉淀时，务必全部溶解，否则会使结果偏低。

【正常值】 犬 138～156mmol/L；猫 147～156mmol/L。

【临床意义】

（1）血清钠升高，临床上少见，但也可见于肾上腺皮质机能亢进或原发性醛固酮增多症、失水性脱水和过多输入高渗盐水及食盐中毒。

（2）血清钠降低，临床常见于胃肠道失钠，如幽门梗阻，呕吐，腹泻，胃肠道、胆管、胰腺手术后造瘘、引流等都可丢失大量消化液而导致缺钠；钠排出增多：见于严重的肾盂肾炎、肾小管严重损害、肾上腺皮质机能不全、糖尿病、应用利尿剂治疗等；皮肤失钠，大量出汗时，如只补充水分而不补充钠。大面积烧伤、创伤，体液及钠从创口大量丢失，亦可引起低血钠；抗利尿激素（ADH）过多：肾病综合征的低蛋白血症、肝硬化腹水、右心衰时有效血容量降低。

六、血清钙测定

【原理】 血清钙离子在碱性溶液中与钙红指示剂结合，成为可溶性的复合物，使溶液呈淡红色。乙二胺四乙酸二钠（EDTA-Na$_2$）对钙离子有更大的亲和力，能与复合物中的钙离子络合，使钙红指示剂重新游离，溶液变成蓝色。从 EDTA-Na$_2$ 滴定用量可以计算出血清钙的含量。

【试剂】

（1）钙标准液（2.5mmol/L）。精确称取经 110℃ 干燥 12h 的碳酸钙 250mg，置于 1L 容量瓶内，加稀盐酸（1 份浓盐酸加 9 份去离子水）7mL 溶解后，加去离子水约 900mL，然后用 500g/L 醋酸铵溶液调 pH 至 7.0，最后加去离子水至刻度，混匀。

（2）钙红指示剂。称取钙红（Cal-Red 或 Calcon，2-萘酚-4-磺酸-1-偶氮-2-羟基-3-苯甲酸钠盐）0.1g，溶于甲醇 20mL 中，置棕色瓶中保存。

（3）0.25mol/L 氢氧化钾溶液。

（4）EDTA-Na$_2$ 溶液。溶解 EDTA-Na$_2$ 400mg 于 500mL 去离子水中，溶解后再补足至 1 000mL。

【操作方法】

（1）取试管 2 支，写明测定管和标准管，于测定管中加入血清 0.2mL，标准管中加钙标准液 0.2mL。

（2）各管加入 0.25mol/L 氢氧化钾溶液 2mL，钙红指示剂 2 滴，混匀，溶液呈淡红色。

（3）迅速以 EDTA-Na$_2$ 滴定至溶液呈淡蓝色为终点，记录各管 EDTA-Na$_2$ 用量。

【计算】

血清钙 mmol/L ＝测定管 EDTA-Na$_2$ 消耗量（mL）/标准管 EDTA-Na$_2$ 消耗量

（mL）×0.25 血清钙（mg/dL）

＝血清钙（mmol/L）÷0.25

【注意事项】

（1）标本加碱后应及时滴定，时间过长会推迟终点出现。

（2）测定标本若有黄疸或溶血时，终点不易判断，则必须将标本进行处理，首先用草酸盐将钙沉淀，再用盐酸及枸橼酸钠重溶，除上述试剂外，尚需要增加以下试剂：0.7mol/L 草酸铵；0.05mol/L 枸橼酸钠；1mol/L 盐酸。并按下列步骤操作：

①吸取血清 0.2mL，置于离心管中，加去离子水 0.25mL，0.7mol/L 草酸铵 0.05mL，混匀。

②置 56℃水浴中 15min。

③2 000r/min 离心 10min。

④小心倾去上清液，并将离心管倒立于滤纸上沥干。

⑤加 1mol/L 盐酸及 0.05mol/L 枸橼酸钠各 0.1mL 于离心管中，溶解沉淀。

⑥按上述血清直接滴定法进行滴定及计算（同时滴定一份标准管）。

【正常值】 犬 2.57~2.97mmol/L；猫 2.09~2.74mmol/L。

【临床意义】

（1）血清钙升高，见于甲状旁腺机能亢进，内服和注射维生素 D 过多、多发性骨髓瘤、胃肠炎和由于脱水而发生酸中毒时。

（2）血清钙降低，见于甲状旁腺机能减退、维生素 D 缺乏、骨软病与佝偻病、产后低钙血症及慢性肾炎与尿毒症等。

七、血清钾测定

常用的测定方法有四苯硼钠比浊法、亚硝酸钴钠法、火焰光度计法、原子吸收分光光度计法和离子选择电极法等。

【正常值】 犬 3.80~5.80mmol/L；猫 3.80~4.60mmol/L。

【临床意义】

（1）血清钾增高，见于肾上腺皮质功能减退症，急性或慢性肾衰竭，休克，组织挤压伤，严重溶血、口服或注射富含钾的溶液过多等。

（2）血清钾降低，常见于钾盐摄入不足，严重腹泻，呕吐，肾上腺皮质机能亢进，服用利尿剂，胰岛素的作用，钡盐与棉籽油中毒。

八、血清镁测定

血清镁测定常用钛黄比色法和原子吸收分光光度计法等。

【正常值】 犬 0.79~1.06mmol/L；猫 0.62~1.03mmol/L。

【临床意义】

（1）血清镁升高，见于肾衰竭，甲状腺、甲状旁腺机能减退及多发性骨髓瘤。

（2）血清镁降低，镁由消化道丢失，长期禁食，慢性腹泻吸收不良；镁由尿路丢失，慢性肾炎多尿期，长期使用利尿剂治疗；甲状腺，甲状旁腺机能亢进；糖尿病酸中毒期，醛固醇增多症，长期使用皮质激素治疗时。

九、血浆二氧化碳结合力测定

血浆二氧化碳结合力测定方法有量积法和酚红法两种。

【正常值】犬 20～30mmol/L；猫 15～30mmol/L。

【临床意义】

（1）血浆二氧化碳结合力增高，见于肺通气和换气障碍导致的呼吸性酸中毒；呕吐、胃扩张、小肠变位等原因引起的代谢性碱中毒。

（2）血浆二氧化碳结合力降低，常见于代谢性酸中毒，如糖尿病酮症酸中毒、腹泻、肾功能不全等；呼吸性碱中毒，如脑炎、哮喘等原因使呼吸加深加快，肺换气过度。

十、血清酶学检验

小动物临床检验常测定的血清酶有：转氨酶、肌酸磷酸激酶、乳酸脱氢酶同工酶等。

1. 肌酸磷酸激酶（CPK）测定

【正常值】犬 60～359IU/L；猫 95～1294IU/L。

【临床意义】对心肌、骨骼肌损伤及肌营养不良的诊断有特异性。当各种类型进行性肌萎缩、脑损伤时，CPK 增高；不适当地注射抗生素可引起 CPK 增高。降低时一般无临床意义，老年犬低于幼年犬。

2. 谷草转氨酶（GOT）测定

【正常值】犬 23～56IU/L；猫 26～43IU/L。

【临床意义】血清 GOT 活性升高，见于急性肝炎、肝硬化、心肌炎及骨骼肌损伤。维生素吡哆醇缺乏和大面积肝坏死降低。

3. 谷丙转氨酶（GPT）测定

【正常值】犬 21～66IU/L；猫 6～64IU/L。

【临床意义】犬许多组织、器官中含有 GPT，其中以肝含量最高。

血清 GPT 活性升高，见于犬传染性肝炎，猫传染性腹膜炎，马传染性贫血，肝脓肿和胆管阻塞，甲状腺机能降低，心脏功能不足，严重贫血，休克等。

4. 血清乳酸脱氢酶（LDH）测定

【正常值】犬 45～233IU/L；猫 63～273IU/L。

【临床意义】LDH 存在于肝、心肌、骨骼肌、肾等组织器官。肌肉损伤、肝疾病、贫血或急性白血病时，血液中 LDH 会升高。

十一、肝功能检查

肝功能按其代谢功能可分为胆色素代谢检查，如黄疸指数测定、血清胆红素定性和定量检至、尿胆色素检查等；糖代谢检查，如血糖测定和糖耐量试验等；蛋白质检查，如血浆总蛋白、白蛋白、球蛋白定量、白蛋白与球蛋白比和血清胶体稳定性试验等；脂肪代谢检查，如脂蛋白、胆固醇、三油三酯测定等；血清酶活性测定，如谷草转氨酶（GOT）、谷丙转氨酶（GPT）等。

十二、肾功能试验

据目的不同分为肾小球滤过机能试验、肾小管机能试验和肾血流量测定。常用的检查方法有血浆尿素氮测定、尿浓缩试验、加压素浓缩试验及酚红排泄或清除试验。

1. 血浆尿素氮（BUN）测定（二乙酰-肟法）

【原理】在酸性反应环境中加热，二乙酰-肟分解成二乙酰和羟胺，二乙酰与样品中的尿素反应，缩合成红色的二嗪衍生物，称为 Fearon 反应。反应中加入硫氨脲和硫酸镉，可提高反应的灵敏度和显色的稳定性。

【试剂】

（1）酸性试剂。在三角烧瓶中加蒸馏水约 100mL，然后加入浓硫酸 44mL 及 85%磷酸 66mL。冷却至室温，加入硫氨脲 50mg 和硫酸镉 2g，溶解后用蒸馏水稀释至 1L，置棕色瓶内、冰箱保存，可稳定半年。

（2）二乙酰-肟溶液。称取二乙酰-肟 20g，加蒸馏水约 900mL，溶解后加蒸馏水稀释至 1L。置棕色瓶中，冰箱保存可半年不变质。

（3）尿素标准贮存液（100mmol/L）。称取干燥纯尿素 600mg，溶于蒸馏水并至 100mL，加 0.1g 叠氮钠防腐，冰箱保存可稳定半年。

（4）尿素标准应用液（5mmol/L，相当于尿素氮 14mg/dL）。取上述 100mmol/L 贮存液 5.0mL，用蒸馏水稀释至 100mL。

【操作】血清尿素测定步骤（表 2-8）。

表 2-8　血清尿素测定步骤（mL）

步　骤	测定管	标准管	空白管
二乙酰-肟溶液	0.5	0.5	0.5
血清	0.02	—	—
尿素标准应用液	—	0.02	—
蒸馏水	—	—	0.02
酸性试剂	5.0	5.0	5.0

混匀，置沸水浴中加热 12min，置冷水中冷却 5min，空白管调零，540nm 波长比色。

【计算】

$$血清尿素（mmol/L）＝测定管光密度/密度光密度×5$$
$$单位换算：血清尿素氮（mg/dL）＝血清尿素/标准管（mmol/L）×2.8$$

【参考值】犬 1.80～10.40mmol/L；猫 5.40～13.60mmol/L。

【临床意义】血液尿素氮是非蛋白氮的主要成分，在正常情况下约占非蛋白氮的 50%。非蛋白氮含量增高时，所占百分比亦随之增高，可达 80%或更多，故临床上尿素氮增减的各种情况与非蛋白氮相似。

血浆尿素氮含量增加，见于肾衰竭、脱水、循环衰竭、尿路结石等肾前性或肾后性因素。

血浆尿素氮含量降低，见于进行性肝炎、肝硬化、低蛋白性饲料和吸收紊乱及黄曲霉素毒素中毒。

2. 尿浓缩试验　在限制宠物饮水的条件下，通过观察其尿液相对密度的变化，判定肾小管的重吸收机能。受试宠物断水 12～24h，于第 12h 排出膀胱内尿液，测定相对密度，尿相对密度大于 1.025，表明肾浓缩尿液机能正常，可中止试验。相对密度小于 1.025 的，则继续断水 12h，若相对密度仍低于 1.025，则指示有 2/3 的肾单位丧失浓缩尿液的能力。

3. 酚红排泄或清除试验　宠物静脉注射 0.5%酚红 1mL（5mg），测定注射后尿液中酚红排泄的百分率，或多次测定注射后血浆中酚红的浓度，计算清除半衰期（T1/2）。在排除肾外性因素影响的酚红排泄或清除率降低，则表明肾功能不全。此外，休克、脱水、心血管疾病时，酚红排泄亦减少。

十三、自动生化分析仪及其宠物临床应用

自动生化分析仪是一种把生化分析中的取样、加试剂、去干扰、混合、恒温、反应、检测、结果处理，以及清洗等过程中的部分或全部步骤进行自动化操作的仪器。它完全模仿并代替了手工操作，实现了临床生化检验中的主要操作机械化、自动化。

自动生化分析仪的结构分为分析部分和操作部分，二者可分为两个独立单元，也可组合为一体机。分析部分主要由检测系统、样品和试剂处理系统、反应系统和清洗系统等组成；操作部分就是计算机系统，贮存所有的系统软件，控制仪器的运行和操作并进行数据处理。

1. 检测系统　检测系统（光度计）由光学系统和信号检测系统组成，是分析部分的核心。它的功能是将化学反应的光学变化转变成电信号。

（1）光学系统。光学系统由光源、光路系统、分光器等组成。作用是提供足够强度的光束、单色光及比色的光路。

①光源。自动生化分析仪的光源一般采用卤素灯，多为12W20V；提供波长为340～800nm的光源，寿命为800h左右。

②光路系统。光路系统包括从发出光源到信号接收的全部路径，由一组透镜、聚光镜、光径（比色杯）和分光元件等组成。有直射式光路和集束式光路系统及前分光和后分光之分。前分光的光路与一般分光光度计相同，即光源—分光元件—样品—检测器。后分光的光路是光源—样品—分光元件—检测器，将一束白光（混合光）先照射到样品杯，然后通过光栅分光，再用检测器检测任何一个波长的吸光度，后分光的优点是不需移动仪器的任何部件，可同时选用双波长或多波长进行测定，降低了噪声，提高了分析的精度和准确度，减少了故障率。目前的全自动生化分析仪多采用后分光的光路，半自动生化分析仪也有少数采用后分光光路原理的。

直射式光路由于光束较宽，难于减少所测试反应液的体积。集束式光路则是通过一个透镜使光束变窄，可检测低至$180\mu L$的反应混合体，使生化分析仪的超微量检测成为可能。近年来又出现了点光源技术。它的光束更小，照射到样品杯时仅为一个点，可使反应液的量降至$120\mu L$。

③分光元件。分光元件有滤片、全息反射式光栅和蚀刻式凹面光栅3种形式，均为紫外—可见光。全息反射式光栅是在玻璃上覆盖一层金属膜后制成，有一定程度的相差，且易被腐蚀；蚀刻式光栅是将所选波长固定刻制在凹面玻璃上（1mm内可以蚀刻4 000～10 000条线），有耐磨损、抗腐蚀、无相差等优点。滤光片均为干涉滤光片，有插入式和可旋转式滤光片槽、滤光片盘两种。插入式是将要用的滤光片插入滤片槽中；滤光片盘是将仪器配备的滤光片都安装在此盘中，使用时旋转至所需滤光片处即可。滤光片多在半动生化分析仪中。

④光径比色部分。光径是指比色杯的厚度，比色杯的厚度有1、0.6、0.5cm3种。光径小的可以节省试剂，减少样品用量，是目前的流行式。光径小于1cm时，仪器能自动校正为1cm。其比色方式有两种类型：

流动式比色：通过吸液器将试管内的有色溶液吸入固定的比色杯，进行比色后再吸出，此为单通道比色系统。这种比色杯也称流动比色池。半自动生化分析仪的比色系统都采用这种流动比色方式。

反应杯比色：反应杯兼作为比色杯，它以不同形式逐个连接在一起，按一定顺序通过光路，进行连续比色。近年来，出现了一种袋式自动生化分析仪，它的反应杯是一种用特殊塑料制成的试验袋，比色方式也属于反应杯连续比色。

（2）信号检测器。信号检测器的功能是接收由光学系统产生的光信号，并将其转换成电信号并放大，再把它们传送至数据处理单元。信号接收器一般为硅（矩阵）二极管，信号传送方式有光电信号传送和光导纤维传送两种，光导纤维传送技术更先进，可消除电磁波对信号的干扰，传送速度更快。

2. 样品、试剂处理系统 该系统包括放置样品和试剂的场所、识别装置、机械臂和加液器。功能是模仿人工操作识别样品和试剂，并把它们加入到反应器中。

（1）样品架（盘）。样品架是放置样品管的试管架，试管架为分散式，通过轨道运输，可有单通路轨道和双通路轨道两种，后者可与样品前处理系统连接，实现实验室的全自动化。样品盘是圆形的，可以放置样品管或样品杯，通过圆周的机械运动传送样品。样品箱供放置样品盘用，一般为室温。有些大型仪器已设计了具有冷藏功能的放置标准物的圆形样品盘，以供随时进行标准和质控的测定。

（2）试剂盘。试剂盘用于放置实验项目所用的试剂。试剂箱供放置试剂盘用，可有1～2个，并多有冷藏装置（4～15℃）。

（3）识别装置。识别样品和试剂的一种方法是根据样品的编号及在样品架或盘上所处位置来识别；另一种则是条形码识别装置。条形码识读器是通过条形码对样品和试剂进行识别。

（4）机械臂。机械臂的功能是控制加液器的移动，根据仪器的指令携带加液器运动至指定位置。自动生化分析仪可有2～4个机械臂。它们分别是样品臂和试剂臂。

（5）加液器。加液器由吸量注射器和加样针组成。吸量注射器是用特殊的硬质玻璃或塑料制成，包括阀门注射器和阀门。早期分立式生化分析仪的加液器由采样器和加第一试剂的加液器组合而成，也称稀释器。现代的加液器都是采用各自的管路和加样针进行样品和试剂的添加，加上特殊的冲洗技术，减少了交叉污染。目前，较为先进的定量吸取技术是采用脉冲数字同步定位，定位准确，故障率低。如果加脱气装置，又可防止样品和试剂间的交叉污染，提高了加样的精度。加样针与静电液面感应器组成一体化探针。它具有自我保护功能，遇到障碍能自动停止并报警，可防止探针损坏。该系统可从特定的地点准确地吸取样品或试剂，并转移到指定的反应杯中。

（6）搅拌器。搅拌器由电机和搅拌棒组成，电机运转带动搅拌棒转动，速度可达每分钟数万转，使反应液被充分混匀。搅拌棒的下端是一个扁金属杆，表面涂有一层不黏性材料（如特力伦），也有采用特殊防黏清洗剂，其作用是减少携带率，从而使交叉污染率降至最低水平。

3. 反应系统 反应系统由反应盘和恒温箱两部分组成。反应盘是生化反应的场所，有些兼作比色杯，置于恒温箱中。

自动生化分析仪通过温度控制系统保持温度的恒定，以保证反应的正常进行，其保持恒温的方式有3种。干式恒温加热式，方便，速度快，不需要特殊防护，但稳定性和均匀性不足；水浴式循环加热式，特点是温度准确，可达±0.1℃，但需要特殊的防腐剂才能保证水质洁净；恒温液循环间接加热式，它的结构原理是在比色杯周围流动着一种特殊的恒温液，具有无味、无污染、不变质、不蒸发等特点，在比色杯与恒温液之间又有一个几毫米的空气夹缝，恒温液通过加热夹缝的空气达到恒温。其均匀性、稳定性优于干式，又有升温迅速，不需特殊保养的优点。恒温控制器可以对25、30、37℃3种温度进行恒温，根据需要任意选择，半自动生化分析仪恒温器属于这种。全自动生化分析仪的温度控制器一般只能控制37℃一种温度，少数也有可以控制30℃和37℃两种温度的。

4. 清洗机构　清洗装置一般由吸液针、吐液针和擦拭块组成。可有五至九段清洗不等，段就是冲洗的步骤。清洗的工作流程为吸出反应液—吐入清洗剂—吸干—吐入去离子水—吸干—擦干。

清洗剂可有碱性和酸性两种；吐入的去离子水在一些大型仪器上可以加热成温水，并且可反复清洗2～3次，有些还可以风干。这些功能有效地提高了洗涤效果，减少了交叉污染的程度以及测定的精密度和准确度。

5. 数据处理系统　随着微机技术的进步，全自动生化分析仪的数据处理系统的功能日趋完善，主要表现在具有各种校准方法、测定方法、多种质量监控方式、项目间结果计算、各种统计功能、多种报告打印方式、数据储存和调用。

任务三　尿液检查

◆【目的要求】
　　会进行尿液的采集，了解健康犬、猫尿液的物理性状，能进行尿液各项化学指标的检查，并熟悉尿液各项指标检查的临床意义。
◆【器材要求】
　　实验用犬、猫、保定器材、注射器、抗凝剂、尿液常规检查常用材料。
◆【学习场所】
　　宠物疾病实验室诊断实训中心。

学习素材

一、物理性状检查

1. 颜色　健康犬、猫尿液一般为无色至淡黄色，透明。尿液的颜色与犬、猫饮食、摄取水分的多少及服用药物有关。尿液发红混浊，静置后底层出现红色沉淀，为血尿，多见于膀胱结石、肾炎、肾衰、膀胱炎、尿道结石、尿路出血等；尿液红而透明，静置后无沉淀，为血红蛋白尿，常见于溶血性疾病，如犬血孢子虫病及洋葱、大葱中毒等；尿色黄褐透明呈浓茶样，为尿中含有胆红素或尿胆原，见于肝胆疾病；泌尿系统感染疾病时，如膀胱炎、肾盂肾炎等，尿液放置后可见白色云絮状沉淀。

2. 尿量　健康犬、猫每天排尿量为：犬20～40mL/kg，猫22～30mL/kg。食物成分、饮水量、外界环境、体型大小及运动量等都会影响正常犬、猫的尿量，健康犬、猫天天的排尿量，也因不同的个体差异变化很大，所以检查时应根据与犬、猫正常情况下尿量进行比较来判定异常与否。某些内分泌疾病：如糖尿病、原发性甲状旁腺功能亢进及原发性醛固酮增多症等可引起尿量增多。一些肾疾病：如慢性肾盂肾炎、高血压肾病、慢性肾小管功能衰竭等也可能致尿量增多。而急性肾小球肾炎、慢性肾炎急性发作，急性肾衰竭及各种原因所引起的休克、严重脱水或电解质紊乱，或各种原因所引起的尿路梗阻时尿量会减少。

3. 相对密度　正常犬尿的相对密度是 1.018~1.060，猫为 1.020~1.040。由于犬、猫饮水过少、气温过高等因素会导致尿液相对密度生理性增加。某些导致犬、猫少尿的疾病，如发热性疾病、便秘以及脱水等，尿量减少而相对密度增加；膀胱炎、急性肾炎、糖尿病等疾病，也可使尿相对密度增加。慢性肾炎、尿毒症、尿崩症时尿液相对密度降低。

4. 气味　正常犬、猫的尿液有腺臭味。膀胱炎时，因尿素分解菌分解尿素或代谢性酸中毒时出现氨臭味，膀胱、尿路有溃疡、坏死或化脓性炎症时大量的蛋白分解尿液呈腐败性气味。

二、化学检验

1. pH 检验　犬、猫尿 pH（酸碱度）在 5.0~7.0，一般情况下在 6.0 左右。正常尿为弱酸性，也可为中性或弱碱性，尿的酸碱度在很大程度上取决于犬、猫饮食种类、服用的药物及疾病类型。如患膀胱炎、尿道炎，代谢性或呼吸性碱中毒时，尿液呈碱性。

2. 尿蛋白的检验　正常尿液中仅含有微量的蛋白质，不能通过普通的定性反应检出蛋白质。尿蛋白增多主要见于尿蛋白呈阳性：见于各种急慢性肾小球肾炎、急性肾盂肾炎、多发性骨髓瘤、肾移植术后、各种原因引起的肾病综合征等；泌尿系统感染如肾盂肾炎、膀胱炎或肾结核等；心脏功能不全、高血压性肾病、糖尿病性肾病、甲状腺功能亢进症、系统性红斑狼疮、败血症、白血病等。此外，药物及某些重金属等中毒引起肾小管上皮细胞损伤也可见阳性。

尿蛋白质的定性反应检验方法为：

（1）硝酸法。取一只试管加 35%硝酸 1~2mL，随后沿试管壁缓慢加入尿液，使两液重叠，静置 5min，观察结果。两液叠面产生白色环为阳性。白色环越宽，表明蛋白质含量越高。

（2）磺柳酸法。取酸化尿液少许于载玻片上，加 20%磺柳酸溶液 1~2 滴，如有蛋白质存在，即产生白色混浊。此法极为方便，灵敏度极高。

（3）试纸法。取试纸浸入被检尿中，立刻取出，约 30s 后与标准比色板比色，按表2-9判定结果。

表 2-9　蛋白质定性试验试纸法结果判定

颜色	结果判定	蛋白质含量 1 000mg/dL	颜色	结果判定	蛋白质含量 1 000mg/dL
淡黄色	—	<0.01	绿色	++	0.1~0.3
浅黄绿色	+（微量）	0.01~0.03	绿灰色	+++	0.3~0.8
黄绿色	+	0.03~0.1	蓝灰色	++++	>0.8

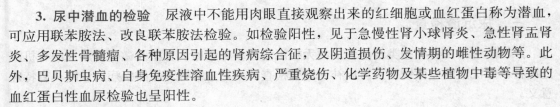

3. 尿中潜血的检验 尿液中不能用肉眼直接观察出来的红细胞或血红蛋白称为潜血，可应用联苯胺法、改良联苯胺法检验。如检验阳性，见于急慢性肾小球肾炎、急性肾盂肾炎、多发性骨髓瘤、各种原因引起的肾病综合征，及阴道损伤、发情期的雌性动物等。此外，巴贝斯虫病、自身免疫性溶血性疾病、严重烧伤、化学药物及某些植物中毒等导致的血红蛋白性血尿检验也呈阳性。

邻联甲苯胺法检验尿中潜血：

【原理】血红蛋白中的铁质有类似过氧化酶作用，可分解过氧化氢，放出新生态氧，使邻联甲苯胺氧化为联苯胺蓝而呈现绿色或蓝色。

【试剂】1‰邻联甲苯胺甲醇溶液（秤取 0.5g 邻联甲苯胺溶于 50mL 甲醇中，储于棕色磨口瓶中），过氧化氢乙酸溶液（3%过氧化氢 2 份，冰乙酸 1 份，混合后储于棕色磨口瓶中）。

【操作】取小试管 1 支，加入 1‰邻联甲苯胺甲醇溶液和过氧化氢乙酸溶液各 1mL，再加入被检尿液 2mL，结果呈现绿色或蓝色为阳性。

【判定】据显色快慢和深浅判定：（＋＋＋＋）立刻显黑蓝色，（＋＋＋）立刻显深蓝色，（＋＋）1min 内出现蓝绿色，（＋）1min 以上出现绿色，（－）3min 后仍不显色。

4. 尿中葡萄糖的检验 正常情况下健康犬、猫的尿中仅含有微量的葡萄糖，用一般化学试剂无法检出。尿糖阳性可分为生理性和病理性两类。生理性糖尿可因血糖浓度暂时性超过肾阈而出现，例如，应激、饲喂大量含糖饲料、使用某些药物或激素。病理性糖尿，可见于糖尿病、甲状腺机能亢进、垂体前叶机能亢进、嗜铬细胞瘤、胰腺炎、胰腺癌、严重肾功能不全等。此外，颅脑外伤、脑血管意外、脑震荡、急性心肌梗塞等，也可出现应激性糖尿。

尿糖测定常用试纸法。尿糖单项试纸附有标准色板（0～2.0g/dL，分 5 种色度），可供尿糖定性及半定量用。试纸为桃红色，应保存在棕色瓶中。该法方便快捷，结果较准确。

【操作】取试纸一条，浸入被检尿内，5s 后取出，1min 后在自然光或日光灯下，将所呈现的颜色与标准色板比较，判定结果。

【注意事项】检验尿液应现采现用；服用大量抗坏血酸和汞利尿剂等药物后，可呈假阴性反应；检测试纸在阴暗干燥处保存，试纸变黄表示失效。

5. 尿中尿胆素原的检验 健康动物的尿中均含有少量的尿胆素原，尿胆素原随尿排出后，很容易被氧化为尿胆素。尿胆原增加，多见于肝炎、实质性肝病变、溶血性黄疸、胆管阻塞初期等疾病；尿胆原减少，见于肠道阻塞、多尿性肾炎后期、腹泻、口服抗生素药物（抑制或杀死肠道细菌）。在临床检验中，可用检查尿胆素来证明尿胆素原的存在。定性检查可用改良艾（Ehrlich）氏法，定量可用光电比色法。

6. 尿中酮体的检验 酮体是脂肪代谢的产物，包括乙酰乙酸，β-羟丁酸及丙酮。患糖尿病时，糖代谢紊乱加重，细胞不能充分利用葡萄糖补充能量，只好动用脂肪，脂肪分解加速产生大量脂肪酸，超出了机体利用的能力而转化为酮体。酮体阳性见于糖尿病酮症、酮症酸中毒、严重呕吐、腹泻、消化吸收不良等。此外，饥饿、分娩后摄入过多的脂肪和蛋白质等也可出现阳性。

69

三、尿沉渣检查

尿沉渣包括由各种盐类结晶形成的无机沉渣和多种细胞、管型及微生物形成的有机沉渣两种。尿沉渣的显微镜检查可以补充理化检查的不足，对肾和尿路疾病的诊断具有特殊意义。

（一）尿沉渣标本制备及显微镜检查镜检

1. 标本制备　取 5～10mL 新鲜尿液，1 000r/min 离心 5～10min 后，移去上清液，留下 0.5mL 尿液，摇匀后用吸管吸取沉淀物置载玻片上，加 1 滴 5％卢戈氏碘液（碘片 5g，碘化钾 15g，蒸馏水 100mL），盖上盖玻片即可镜检。在加盖玻片时，先将盖玻片的一边接触尿液，然后慢慢放平，以防产生气泡。

2. 显微镜检查　镜检时，应将显微镜视野调到稍暗，以便发现无色而屈光力弱的成分（透明管型等）；先在低倍镜下找出需详细检查的区域，再用高倍镜仔细辨认细胞成分和管型等。

3. 结果报告　细胞数量据高倍下各个视野内最少至最多的数值报告，如白细胞 8～15个/高倍；管型及其他结晶成分：按偶见、少量、中等量及多量报告。

（二）无机沉渣检查

尿中无机沉渣是指各种盐类结晶和一些非结晶形物，且酸性尿和碱性尿的无机沉渣有所不同（图 2-8、图 2-9）。

1. 碱性尿中的无机沉渣

（1）碳酸钙。草食动物尿中常见，其结晶多为球形，有放射条纹，大的球形结晶为黄色，有时可见磨石状、哑铃状和十字形无色小晶体，或无色、灰白色无定型颗粒。

（2）磷酸铵镁。结晶为无色、两端带有斜面的三角棱柱，或为六面或多角棱柱体。新鲜尿中出现磷酸铵镁是尿液在膀胱或肾盂中受细菌的作用，尿素被分解发酵产生氨，氨与磷酸镁结合生成的，见于膀胱炎和肾盂肾炎。尿样放置过久会因发酵而产生磷酸铵镁。

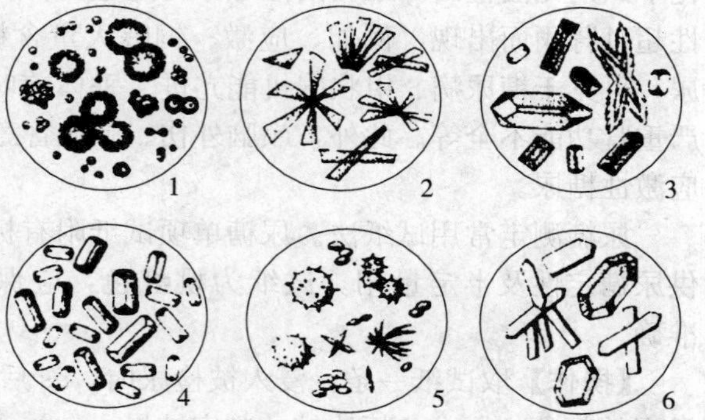

（3）磷酸钙。弱碱性尿中较多见，也见于中性或弱酸性尿中。多为单个无色三棱形结

图 2-8　碱性尿中的无机沉渣
1. 碳酸钙结晶　2. 磷酸钙结晶　3、4. 磷酸铵镁结晶
5. 尿酸铵结晶　6. 马尿酸结晶

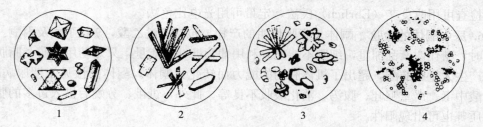

图 2-9　酸性尿中的无机沉渣
1. 草酸钙结晶　2. 硫酸钙结晶　3. 尿酸结晶　4. 尿酸盐结晶

晶，呈星状或针束状，排列成禾束，也可形成无色不规则、大而薄的片状物。将尿液加热时，磷酸钙沉淀会增多。磷酸钙结晶大量出现时，对尿潴留、慢性膀胱炎的诊断有参考意义。

（4）马尿酸。马尿的正常成分，结晶呈棱柱状或针状。动物服用苯甲酸及水杨酸制剂后，尿中马尿酸结晶增多。

（5）尿酸铵。黄褐色球状结晶，表面布满刺状突起。新鲜尿中出现尿酸铵结晶表明有化脓性感染，如膀胱炎、肾盂肾炎。

2. 酸性尿中的无机沉渣

（1）草酸钙。酸性尿中较为多见。结晶为无色而屈光力强的八面体结构，有两条对角线呈西式信封状，晶体大小相差甚大。溶于盐酸，不溶于醋酸。见于各种动物的尿中，犬尿中尤为多见。

（2）尿酸结晶。因有尿色素附着而呈黄褐色，有锭状、块状、针状及磨石状。肉食动物尿中较多见，草食动物尿中含量极少。当肾功能不全，不能生成氨以中和尿中酸性物质时，可形成尿酸结晶。

（3）硫酸钙。强酸性尿中可见，为无色细长棱柱状或针状结晶，聚积成束，常排列成放射状，有时为块状，与磷酸钙结晶相似。

3. 尿中少见的特殊结晶 尿中少见的特殊结晶见图 2-10。

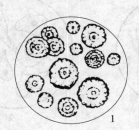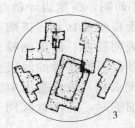

图 2-10 病畜尿中的沉渣
1. 酪氨酸结晶 2. 亮氨酸结晶 3. 胆固醇结晶

（1）酪氨酸。结晶呈黑黄色纤细状，中央细而两端宽广的束状或簇状。溶于氨水、盐酸及碱液中。在重剧神经系统疾病、肝病时，尿中出现酪氨酸结晶。

（2）亮氨酸。结晶呈淡黄色球状，具有同心性放射条纹，折光力很强。易溶于酸及碱，不溶于酒精和醚。急性肝病、磷中毒、严重代谢障碍等情况下，在尿中出现。

（3）胱氨酸。结晶边缘呈清晰的六角形板状，折光性很强。蛋白质代谢障碍时，尿内有过量胱氨酸出现，呈结晶状沉淀，常诱发结石形成。风湿症及肝病时也有见到胱氨酸结晶的。

4. 尿中磺胺结晶 犬、猫在服用磺胺类药物后，尿中易形成结晶。尿中大量出现磺胺结晶时，往往预示着肾盂、输尿管发生损伤，为磺胺中毒的前兆。

（1）氨苯磺胺。游离的氨苯磺胺结晶为透明的长柱形，乙酰氨苯磺胺结晶为透明成束的粗叶状。乙酰基磺胺噻唑像中间紧捆的麦秆束或圆球状或六角形的结晶片。乙酰基磺胺嘧啶呈琥珀色，像一束麦秆，其束偏于一端。

（2）磺胺吡啶。结晶的磺胺吡啶形态多样，如矛头形、船形或花瓣形等。

（三）有机沉渣检查

1. 血细胞

（1）红细胞。尿液放置时间、浓度和酸碱度均影响尿中红细胞的形态，新鲜尿中的红细胞呈淡黄绿色，正面呈圆形，侧面呈双凹形；浓缩尿及酸性尿中的红细胞发生皱缩，边缘呈锯齿状；碱性尿和稀薄尿中的红细胞呈膨胀状态；放置过久的尿中，红细胞往往被破坏仅呈现阴影。健康犬、猫尿中一般无红细胞，某些致病因素导致肾小球通滤过性增大时，血液成分进入尿中，尿蛋白试验阳性并有红细胞。除上述因素外，肾、输尿管、膀胱或尿道的出血时尿液中也会出现红细胞。

（2）白细胞和脓细胞。尿中的白细胞以分叶核中性白细胞为主；在新鲜尿中较易观察到；在酸性尿中形态较完整，而在碱性尿中常膨胀而不清晰。脓细胞是指细胞内含大量颗粒状物且结构模糊的细胞。正常动物尿中仅有个别白细胞而没有脓细胞，肾和尿路炎症（肾炎、膀胱炎），或脓肿破溃流向尿路时，尿中白细胞或脓细胞大量出现。

2. 上皮细胞

（1）肾上皮细胞。多数呈圆形或多角形，轮廓明显，散在或数个集聚在一起，细胞核大而圆，细胞质内有小颗粒。肾小管病变时，肾上皮细胞可大量出现。肾上皮细胞发生脂肪变性时，可在细胞质中见到大量脂肪颗粒。

（2）尾状上皮细胞。呈梨形或梭形，细胞核呈圆形或椭圆形。尿中出现时，表明尿路黏膜有炎症。

（3）扁平上皮细胞。细胞大而扁平，核小而圆，细胞边缘稍卷起，易与其他上皮细胞区别。该细胞大量出现时表明膀胱、尿道黏膜表层有炎症。母畜阴道黏膜的浅层也存在扁平上皮细胞，故母畜尿中大量出现这种细胞时，应注意区别（图2-11）。

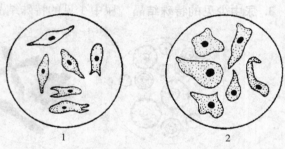

图 2-11　尿液中上皮细胞
1. 肾盂、输尿管上皮细胞　2. 膀胱上皮细胞

3. 管型（尿圆柱）　管型是指肾发生病变时，肾小球滤出的蛋白质在肾小管内变性凝固，或变性蛋白质与其他细胞成分黏合而形成圆柱状结构（图2-12）。

（1）透明管型（玻璃样管型）。构造均匀无色半透明状，常发生于轻度肾疾病或肾炎的晚期，发热和肾瘀血也可见。

（2）上皮细胞管型。由肾小管脱落的上皮细胞与蛋白质黏集形成的管型，见于急性肾炎。

（3）白细胞或脓细胞管型。即混合管型，管型内充满白细胞或脓细胞并常混有上皮细胞或红细胞。见于肾盂肾炎、急性肾炎。

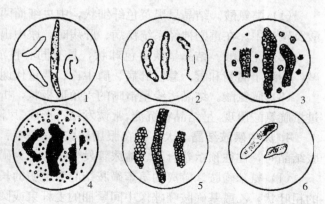

图 2-12　尿沉渣中的各种管型
1. 透明管型　2. 颗粒管型　3. 上皮管型
4. 红细胞管型　5. 白细胞管型　6. 血红蛋白管型

（4）红细胞管型。管型内有多量红细胞。见于肾出血性疾病。

（5）颗粒管型。透明管型内存在大量粗大或细小颗粒，可能是肾小管脱落的上皮细胞破坏变成的颗粒，也可能是蛋白质凝固的颗粒，颗粒管型较透明，管粗而短。见于肾小管较严重的损伤。

（6）蜡样管型。外形较粗，边缘常有缺口，屈光度强，颜色较灰暗，肾小管有严重的变性和坏死时出现，常见于重剧慢性肾炎。

四、尿液分析仪及其在宠物临床应用

尿液分析仪用干化学方法检测尿中某些成分，有半自动和全自动两大类仪器。干化学分析诞生于 1956 年，美国的 Alfred Free 发明了尿液分析史上第一条试带测试方法，为尿液自动化检测奠定了基础。这种"浸入即读"的干化学试带条操作方便，测定迅速，结果准确，且因为这种方法既可以目测，也可以进行大批量自动化分析，因而得到了迅速发展。随着高科技及计算机技术的高度发展和广泛应用，尿液分析已逐步由原来的半自动分析发展到全自动分析，检测项目由原来的单项分析发展到多项组合分析，尿液分析由此进入了一个崭新阶段。

1. 尿液分析仪组成 尿液分析仪通常由机械系统、光学系统、电路系统三部分组成。

（1）机械系统。主要作用是在微电脑的控制下，将待测的试带传送到预定的检测位置，检测后将试带传送到废物盒中。不同厂家、不同型号的仪器可能采取不同的机械装置，如齿轮传输、胶带传输、机械臂传输等。全自动的尿液分析仪还包括自动进样传输装置、样本混匀器、定量吸样针。

（2）光学系统。光学系统一般包括光源、单色处理、光电转换三部分。光线照射到反应物表面产生反射光，光电转换器件将不同强度的反射光转换为电信号进行处理。

尿液分析仪的光学系统通常有 3 种：发光二极管（LED）系统、滤光片分光系统和电荷耦合器件（CCD）。

①发光二极管系统。采用可发射特定波长的发光二极管作为检测光源，两个检测头上都有 3 个不同波长的 LED，对应于试带上特定的检测项目分为红、橙、绿单色光（660nm、620nm、555nm），它们相对于检测面以 60°照射在反应区上。作为光电转换的光电二极管垂直安装在反应区的上方，在检测光照射的同时接收反射光。因光路近，无信号衰减，使用光强度较小的 LED 也能得到较强的光信号。以 LED 作为光源，具有单色性好、灵敏度高的优点。

②滤光片分光系统。采用高亮度的卤钨灯作为光源，以光导纤维传导至两个检测头。每个检测头有包括空白补偿的 11 个检测位置，入射光以 45°角照射在反应区上。反射光通过固定在反应区正上方的一组光纤传导至滤光片进行分光处理，从 510～690nm 分为 10 个波长，单色化之后的光信号再经光电二极管转换为电信号。

③电荷耦合器件系统。以高压氙灯作为光源，采用电荷耦合器件技术进行光电转换，把反射光分解为红绿蓝（610nm、540nm、460nm）三原色，又将三原色中的每一种颜色细分为 2 592 色素。这样，整个反射光分为 7776 色素，可精确分辨颜色由浅到深的各种微小变化。

（3）电路系统。将转换后的电信号放大，经模数转换后送中央处理器（CPU）处理，计算出最终检测结果，然后将结果输出到屏幕显示并送打印机打印。CPU 的作用不仅是负责检测数据的处理，而且要控制整个机械系统、光学系统的运作，并通过软件实现多种

功能。

2. 尿液分析仪试剂带 单项试带是干化学发展初期的一种结构形式，也是最基本的结构形式。它以滤纸为载体，将各种试剂成分浸渍后干燥，作为试剂层，再在表面覆盖一层纤维膜，作为反射层。尿液浸入试带后与试剂发生反应，产生颜色变化。

多联试带是将多种检测项目的试剂块按一定间隔、顺序固定在同一条带上的试带。使用多联试带，浸入一次尿液可同时测定多个项目。多联试带的基本结构采用了多层膜结构：第一层尼龙膜起保护作用，防止大分子物质对反应的污染；第二层绒制层，包括碘酸盐层和试剂层，碘酸盐层可破坏干扰物质，试剂层与尿液所测定物质发生化学反应；第三层是固有试剂的吸水层，可使尿液均匀、快速地浸入，并能抑制尿液流到相邻反应区；最后一层选取尿液不浸润的塑料片作为支持体。有些试带无碘酸盐层，但相应增加了1块检测试剂块，以进行某些项目的校正。

不同型号的尿液分析仪使用其配套的专用试带，且测试项目试剂块的排列顺序不同。通常情况下，试带上的试剂块要比测试项目多一个空白块，有的甚至多一个参考块又称固定块。各试剂块与尿液中被测尿液成分的反应呈现不同的颜色变化。空白块的目的是为了消除尿液本身的颜色在试剂块上分布不均等所产生的测试误差，以提高测试准确性；固定块的目的是在测试过程中，使每次测定试剂块的位置准确，减低由此引起的误差。

3. 尿液分析仪检测原理 尿液中相应的化学成分使尿多联试带上各种含特殊试剂的模块发生颜色变化，颜色深浅与尿液中相应物质的浓度成正比；将多联试带置于尿液分析仪比色进样槽，各模块依次受到仪器光源照射并产生不同的反射光，仪器接收不同强度的光信号后将其转换为相应的电信号，再经微处理器由下列公式计算出各测试项目的反射率，然后与标准曲线比较后校正为测定值，最后以定性或半定量方式自动打印出结果。

尿液分析仪测试原理的本质是光的吸收和反射。试剂块颜色的深浅对光的吸收、反射是不一样的。颜色越深，吸收光量值越大，反射光量值越小，反射率越小；反之，颜色越浅，吸收光量值越小，反射光量值越大，反射率也越大。换言之，特定试剂块颜色的深浅与尿样中特定化学成分浓度成正比。

尽管不同厂家的尿液分析仪对光的判读形式不一样，但不同强度的反射光都需经光电转换器件转换为电信号进行处理却是一致的。

(1) 采用发光二极管光学系统的尿液分析仪。检测头含有 3 个 LED，在特定波长下把光照射到试带表面，引起光的反射，反射光被试带上方的探测器（光电二极管）接收，将光信号转换为电信号，经微处理器转换成浓度值。

(2) 采用滤光片光学系统的尿液分析仪。以高亮度的卤钨灯为光源，经光导纤维将光传导到两个检测头，再经滤光片分光系统将光单色化处理，最后由光电二极管转换为电信号，由此来检测试剂块的颜色变化。试带无空白块，仪器采用双波长来消除尿液颜色的影响。所谓双波长，是指一种光为测定光，是被测试剂块敏感的特征光；另一种光为参考光，是被测试剂块不敏感的光，用于消除背景光和其他杂散光的影响。

(3) 采用电荷耦合器件光学系统的尿液分析仪。由尖端光学元件 CCD 来对测试块的颜色进行判读。CCD 的基本单元是金属—氧化物—半导体（MOS），它最突出的特点是不同于其他大多数器件以电流或电压为信号，而是以电荷为信号。当光照射到 CCD 硅片上时，在栅极附近的半导体内产生电子对，其多数载流子被栅极电压排开，少数载流子则被收集形成信号电荷。将一定规则变化的电压加到 CCD 各电极上，电极上的电子或信号电荷就能沿着半导体表面按一定方向移动形成电信号。CCD 的光电转换因子可达 99.7%，光谱响应范围从 0.4～1.1nm，即从可见光到近红外光。CCD 系统检测灵敏度较 LED 系统高 2 000 倍。

任务四　粪便检查

◇ 目的要求

　　会进行粪便的采集，了解健康犬、猫粪便的物理性状，能进行粪便各项化学指标的检查，并熟悉粪便各项指标检查的临床意义。

◇ 器材要求

　　实验用犬、猫、保定器材、注射器、粪便常规检查常用材料。

◇ 学习场所

　　宠物疾病实验室诊断实训中心。

学习素材

一、粪便的采集

　　应采集犬、猫排出的新鲜粪便，包括粪便上附着的血块、脓汁及伪膜等黏附物均应一并采集。采集好的粪便放入清洁的器皿。

二、物理性状检查

1. 气味　健康犬、猫排出的粪便臭味自然，无恶臭、腥臭、腐臭、酸臭气味。当消化不良及胃肠炎时，由于肠内容物的腐败发酵，粪便有酸臭或腐败臭，出血时多有腥臭味。

2. 颜色　正常犬、猫排出粪便颜色呈黄色或土黄色，随采食的食物种类不同而存在差异。粪便黑褐色，见于上消化道出血；粪便有血块、血丝，见于下消化道出血，尤其多见于直肠出血；黄绿色粪便，见于钩端螺旋体病等引起的黄疸或大肠杆菌病引起的肠炎。

3. 硬度　健康犬、猫排出的粪便呈软条状。饮水量少或食入多量骨头时，粪便干硬或呈白色粉状。粪便稀软，见于消化不良、肠炎；粪便干燥，见于肠便秘。

4. 异常混合物

（1）黏液。粪便表面黏液量增多表明肠道炎症或排粪迟滞，肠炎或肠阻塞时黏液往往覆盖整个粪球，并可形成较厚的胶冻样黏液层。

（2）伪膜。粪便表层常包被由纤维蛋白、上皮细胞和白细胞所组成的灰白色伪膜，见于纤维素性或伪膜性肠炎。

（3）脓汁。直肠内脓肿破溃时，粪便中混有脓汁。

（4）粗纤维及饲料颗粒。犬、猫消化机能下降时，粪便内含有多量粗纤维及未消化的饲料颗粒。

75

（5）血液。胃肠黏膜机械性损伤或血性肠炎、出血性败血症、犬冠状病毒感染及犬细小病毒感染、球虫感染等时，粪便中出现血液。

（6）粪便中常见寄生虫。蛔虫、绦虫体节，及犬、猫的钩虫。

三、粪便化学检查

1. 酸碱度测定　健康犬、猫的粪便的酸碱度随食物结构的不同而存在差异，以肉食为主的粪便常呈碱性；以糖类、淀粉为主的粪便呈中性或弱酸性。酸度增加，见于肠卡他引起的肠内糖类异常发酵；碱性增加，见于胃肠炎引起的蛋白质腐败分解增加。

测定时常采用试纸法：取粪 2～3g 于试管内，加中性蒸馏水 8～10mL 稀释混匀，用广范围试纸测定其 pH。

2. 潜血试验　粪便出现不能用肉眼直接观察出来的血液为潜血。

【操作】 取粪便 2～3g 于试管中，加蒸馏水 3～4mL 搅拌混匀，煮沸后冷却以破坏粪便中的酶；在 1 支洁净小试管中加入 1％联苯胺冰醋酸液和 3％过氧化氢液的等量混合液 2～3mL，用 1～2 滴冷却粪悬液，滴加于上述混合试剂上。如粪中含有血液，立即出现绿色或蓝色，不久变为红紫色。

【结果判定】（＋＋＋＋）立即出现深蓝或深绿色；（＋＋＋）0.5min 内出现深蓝或深绿色；（＋＋）0.5～1min 出现深蓝或深绿色；（＋）1～2min 出现浅蓝或浅绿色；（－）5min 后不出现蓝色或绿色。

【注意事项】 正常动物组织或植物中也有少量氧化酶，部分微生物也产生相同的酶，所以粪便样本必须事先煮沸，以破坏这些酶类；被检动物在试验前 3～4d 禁食肉类及含叶绿素的果蔬；肉食动物如未禁食肉类，则必须用粪便的醚提取液做试验（取粪便约 1g，加冰醋酸搅成乳状，加乙醚，混合静置，取乙醚层）。

【临床意义】 潜血阳性多见于各种消化道出血性疾病，消化道溃疡、出血性胃肠炎、病毒性肠炎及钩虫、球虫病等。

3. 蛋白质检查

【原理】 利用与粪便中黏蛋白、血清蛋白或核蛋白相对应的蛋白质沉淀剂测定，以判断肠道内炎性渗出程度。

【操作】 取粪 3g 于研钵中，加蒸馏水 100mL，适当研磨，制成 3％乳状粪液；取中试管 4 支，编号放在试管架上，按表 2-10 操作及判定结果。

表 2-10　蛋白质检查

项目	试　　管			
	1	2	3	4（对照管）
3％粪乳状液	15mL	15mL	15mL	15mL
试剂	20％醋酸液 2mL	20％三氯醋酸液 2mL	7％氯化高汞液 2mL	蒸馏水 2mL

上述混合液静置 24h，观察上清液透明度，与对照管比较：

试管 1：透明表明有黏蛋白；混浊表示无渗出的血清蛋白。

试管 2：透明表明有渗出的血清蛋白或核蛋白。

试管 3：透明表明有渗出的血清蛋白或核蛋白；红棕色表明有粪胆素；绿色表明有胆

红素。

【临床意义】健康动物粪便中没有胆红素，仅有少量的粪胆素；在小肠炎症及溶血性黄疸时，粪中可能出现胆红素，粪胆素也增多；阻塞性黄疸时，粪中可能没有粪胆素。

4. 有机酸测定 粪便中的有机酸以及其他酸或酸性盐类能使粪便呈酸性反应，但用过量氢氧化钙中和时，有机酸与钙形成溶于水的有机酸钙，而其他酸或酸性盐与钙形成不溶于水的钙盐；加入三氯化铁水溶液使之形成絮状物而沉淀，过滤分离，除掉有机酸以外的酸或酸性盐；加酚酞指示剂，用 0.1mol/L 盐酸液滴定，中和过剩的氢氧化钙；再以二甲氨基偶氮苯为指示剂，仍用 0.1mol/L 盐酸液滴定，当盐酸把有机酸钙中的有机酸置换完毕后，多余的盐酸使指示剂变色，即为滴定终点。根据消耗 0.1mol/L 盐酸的量，间接推算有机酸的含量。粪中有机酸含量可作为小肠内发酵程度的指标，含量增高，表明肠内发酵过程旺盛。

5. 氨测定 氨为弱碱，可用强酸直接中和，但无适当的指示剂显示。当加入甲醛后，放出盐酸，再用标准氢氧化钠液滴定，可间接推算出氨的含量。粪中氨的含量可作为肠内腐败分解强度的指标，氨含量增高，表明肠内蛋白质腐败分解旺盛，形成大量游离氨。

四、粪便显微镜检查

1. 标本的制备 取不同粪层的粪便，混合后取少许置于洁净载玻片上或以竹签直接挑粪便中可疑部分置于载玻片上，加少量生理盐水或蒸馏水，涂成均匀薄层，以能透过书报字迹为宜。必要时可滴加醋酸液或选用 0.01% 伊红氯化钠染液、稀碘液或苏丹Ⅲ染色。涂片制好后，加盖片，先用低倍镜观察全片，后用高倍镜鉴定（图 2-13）。

2. 饲料残渣检查

（1）植物细胞。粪中常多量出现，形态多种多样，呈螺旋形、网状、花边形、多角形或其他形态。特点是在吹动标本时，易转动变形。植物细胞无临床意义，但可了解胃肠消化力的强弱。

（2）淀粉颗粒。一般为大小不匀、一端较尖的圆形颗粒，也有圆形或多角形的，有同心层构造。用稀碘液染色后，未消化的淀粉颗粒呈蓝色，部分消化的呈棕红色。粪便中发现大量淀粉颗粒，表明犬、猫有消化机能障碍。

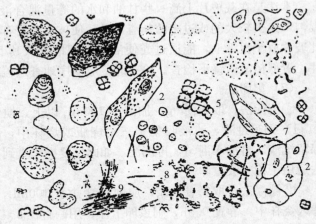

图 2-13　粪便的显微镜检验所见
1. 淀粉颗粒　2. 上皮细胞　3. 脂肪球　4. 白细胞
5. 球菌　6. 杆菌　7. 细胞　8. 真菌　9. 针状脂肪酸结晶

（3）脂肪球和脂肪酸结晶。脂肪滴为大小不等、正圆形的小球，有明显折光性，特点为浮在液面、来回游动。脂肪酸结晶多呈针状，苏丹Ⅲ染色呈红色。粪中见到大量脂肪球和脂肪酸结晶，为摄入的脂肪不能完全分解和吸收（如肠炎）或胆汁及胰液分泌不足造成的。肌肉纤维常呈带状，也有呈圆形、椭圆形或不正形的，有纵纹或横纹，断端常呈直角形，加醋酸后更为清晰，有的可看见核，多为黄色或黄褐色。在肉食动物粪便中为正常成分。肌肉纤维过多时，可考虑胰液或肠液分泌障碍及肠蠕动增强。

77

3. 体细胞检查

（1）白细胞及脓细胞。白细胞的形态整齐，数量不多，且分散不成堆。脓细胞形态不整，构造不清晰，数量多而成堆。粪中发现多量的白细胞及脓细胞，表明肠管有炎症或溃疡。

（2）吞噬细胞。比中性粒细胞大3～4倍，呈卵圆形、不规则叶状或伸出伪足呈变形虫样；胞核大，常偏于一侧，圆形，偶有肾形或不规则形；胞浆内可有空泡、颗粒，偶见有被吞噬的细菌、白细胞的残余物；胞膜厚而明显。常与大量脓细胞同时出现，诊断意义与脓细胞相同。

（3）红细胞。粪中发现大量形态正常的红细胞，可能为后部肠管出血；有少量散在、形态正常的红细胞，同时又有大量白细胞时，为肠管的炎症；若红细胞较白细胞多，且常堆集，部分有崩坏现象的，是肠管出血性疾患。

（4）上皮细胞。可见扁平上皮细胞和柱状上皮细胞。前者来自肛门附近，形态无显著变化；后者由各部肠壁而来，因部位和肠蠕动的强弱不同而形态有所改变。上皮细胞和粪便混合时一般不易发现，多量出现且伴有多量黏液或脓细胞时均为病理状态，见于胃肠炎。

五、粪便中寄生虫卵检查

1. 虫卵检查

（1）直接涂片检查法。是最简便和最常用的方法。但是，当犬、猫体内寄生虫数量不多而粪便中虫卵少时，有时查不出虫卵。

本法是在载玻片上滴一些甘油和水的等量混合液，再用牙签挑取少量粪便加入其中，混匀，夹去较大的或过多的粪渣，最后使玻片上留有一层均匀的粪液，其浓度的要求是将此玻片放于报纸上，能通过粪便液膜模糊地辨认其下的字迹为合适。在粪膜上覆以盖玻片，置低倍显微镜下检查。检查时，应顺序地查遍盖玻片上的所有部分。

（2）集卵法。

①沉淀法。取粪便5g，加清水100mL以上，搅匀成粪汁，通过260～250μm（40～60目）铜筛过滤，滤液收集于三角烧瓶或烧杯中，静置沉淀20～40min，倾去上层液，保留沉渣。再加水混匀，再沉淀，如此反复操作直到上层液体透明后，吸取沉渣检查。此法适用于检查吸虫卵。

②漂浮法。取粪便10g，加饱和食盐水100mL，混合，通过250μm（60目）铜筛，滤入烧杯中，静置0.5h，则虫卵上浮；用一直径5～10mm的铁圈，与液面平行接触以蘸取表面液膜，抖落于载玻片上检查。此法适用于线虫卵的检查。

也可取粪便1g，加饱和食盐水10mL，混匀，筛滤，滤液注入试管中，补加饱和盐水溶液使试管充满，管口覆以盖玻片，并使液体和盖玻片接触，其间不留气泡，直立0.5h后，取下盖玻片镜检有无虫卵。

以上漂浮法和沉淀法，均使液体静置待其自然下沉或上浮。也可将以上粪液置于离心管中，在离心机内离心，借助离心力以加快其沉淀或上浮过程。

常用的漂浮液、饱和食盐水，在1 000mL水中加食盐380g，相对密度约1.18。饱和硫代硫酸钠溶液：在1 000mL水中，加硫代硫酸钠1 750g，相对密度在1.4左右。此外，还有饱和硫酸镁溶液，硫酸锌溶液等。

（3）锦纶筛兜集卵法。取粪便 $5\sim10g$，加水搅匀，先通过 $260\mu m$（40目）的铜丝筛过滤；滤下液再通过 $58\mu m$（260目）锦纶筛兜过滤，并在锦纶筛兜中继续加水冲洗，直到洗出液体清澈为止；取兜内粪渣涂片检查。此法适用于宽度大于 $60\mu m$ 的虫卵。

2. 虫卵计数法　虫卵计数法是测定每克动物粪便中的虫卵数，以此推断动物体内某种寄生虫的寄生数量，有时还用于使用驱虫药前后虫卵数量的对比，以检查驱虫效果。

（1）斯陶尔氏法。在一小玻璃容器（如三角烧瓶或大试管）的 56mL 和 60mL 容量处各做一个标记；先取 0.4％的氢氧化钠溶液注入容器内到 56mL 处，而后再加入被检粪便溶液至 60mL 处，加入一些玻璃珠，振荡使粪便完全破碎混匀；用 1mL 吸管取粪液 0.15mL，滴于 $2\sim3$ 张载玻片上，覆以盖玻片，在显微镜下顺序检查，统计虫卵总数时注意不可遗漏和重复。因 0.15mL 粪液中实际含有粪量是 $0.15\times4/60=0.01g$。因此，所得虫卵总数乘 100 即为每克粪便中的虫卵数。此法适用于大部分蠕虫卵的计数。

（2）麦克马斯特氏法。本法是将虫卵浮集于一个计数室中记数。计数室是由二片载玻片制成。为了使用方便，制作时常将其一片切去一条，使之较另一片窄一些。在较窄的玻片上刻以 $1cm^2$ 的区域 2 个，尔后选取厚度 1.5mm 的玻片切成小条垫于两玻片间，以环氧树脂黏合。取粪便 2g 于乳钵中，加水 10mL 搅匀，再加饱和盐水 50mL。混匀后，吸取粪液注入计数室，置显微镜台上静置 $1\sim2min$ 后，在显微镜下计数 $1cm^2$ 刻度中的虫卵总数，求 2 个刻度室中虫卵数的平均数，乘以 200 即为每克粪便中的虫卵数。此法只适用于可被饱和盐水浮起的各种虫卵。

（3）片形吸虫卵计数法。取羊粪 10g 于 300mL 容量瓶中，加入少量 1.6％氢氧化钠溶液，静置过夜。次日，将粪块搅碎，再加 1.6％氢氧化钠溶液到 300mL 刻度处，摇匀，立即吸取此粪液 7.5mL 注入离心管内，1 000r/min 离心 2min，倾去上层液体，换加饱和盐水再次离心，再倾去上层液体，再换加饱和盐水，如此反复操作，直到上层液体完全清澈为止。倾去上层液体，将沉渣全部滴于数张载玻片上，检查统计虫卵总数，以检查统计总数乘以 4，即为每克粪便中的片形吸虫卵数。

任务五　皮肤检查

◇ **目的要求**

会进行犬、猫常见皮肤病的检查。

◇ **器材要求**

实验用犬、猫、保定器材、盖玻片、载玻片、刀片、显微镜、10％氢氧化钾溶液等。

◇ **学习场所**

宠物疾病实验室诊断实训中心。

学习素材

皮肤疾病实验室检验项目很多，这里只介绍使用最多，又较简便的两种方法：皮肤刮取物检验和伍德氏灯检查。

一、皮肤刮取物检验

1. 螨病 皮肤刮取物检验：寄生于犬、猫皮肤和耳内的螨，有犬疥螨、猫背肛螨、犬蠕形螨、犬耳痒螨、猫耳痒螨亚种，详细见图2-14、图2-15。

（1）刮取皮屑，在患病皮肤和健康皮肤交界处，先剪毛，用凸刃小刀，刀刃和皮肤面垂直，刮取皮屑，直到皮肤轻微出血，或用手挤压。

（2）将刮的皮屑、挤压物或取的耳内分泌物放在载玻片上，加10%氢氧化钠或氢氧化钾溶液、石蜡油或水滴在病料上，加一张盖玻片，搓压分散开，置低倍或高倍显微镜下，观察螨虫或椭圆形淡黄色的薄壳虫卵。

2. 真菌性皮肤病皮肤刮取物检验
犬、猫真菌性皮肤疾病主要是3种：犬小孢子菌、石膏样小孢子菌和石膏样毛癣菌。猫皮肤真菌病多由犬小孢子菌（占98%）、石膏样小孢子菌和石膏样毛癣菌（各占1%）引起，犬皮肤真菌病也多由这3种真菌引起，它们分别占70%、20%和10%左右。

刮取皮屑和在显微镜下检查方法基本上与检查螨的方法一样，只是在镜检前，微微加热一下载玻片，然后置低倍或高倍显微镜下观察。

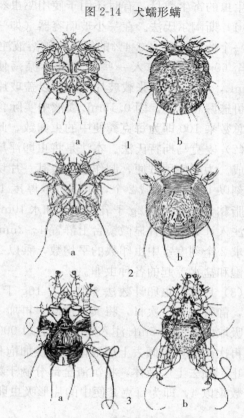

图2-14 犬蠕形螨

图2-15 疥螨、背肛螨和耳痒螨
1. 疥螨 2. 背肛螨 3. 耳痒螨（a. 雌虫 b. 雄虫）

（1）犬小孢子菌（图2-16）。病料检验显微镜下可见圆形小孢子密集成群，围绕在毛干上，皮屑中可见少量菌丝。在葡萄糖蛋白胨琼脂上培养，室温下5~10d，菌落1.0mm以上。取菌落镜检，可见直而有隔菌丝和很多中央宽大、两端稍尖的纺锤形大分生孢子，壁厚，常有4~7个隔室，末端表面粗糙有刺。小分生孢子较少，为单细胞棒状，沿菌丝侧壁生长。有时可见球拍状、结节状、破梳状菌丝及厚壁孢子。

（2）石膏样小孢子菌（图2-17）。病料检验显微镜下可见病毛外孢子呈链状排

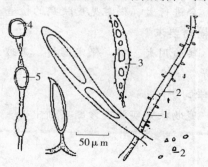

图2-16 犬小孢子菌
1. 菌丝 2. 小分生孢子 3. 大分生孢子
4. 球拍状菌丝 5. 厚壁孢子

列或密集成群包绕毛干，在皮屑中可见菌丝和孢子。在葡萄糖蛋白胨琼脂上培养，室温下3～5d出现菌落，中心小环样隆起，周围平坦，上覆白色绒毛样菌丝。菌落初为白色，渐变为淡黄色或棕黄色，中心色较深。取菌落镜检，可见有4～6个分隔的大分生孢子，纺锤状。菌丝较少。第一代培养物有时可见少量小分生孢子，成单细胞棒状，沿菌丝壁生长。此外，有时可见球拍状、破梳状、结节状菌丝和厚壁孢子。

　　（3）石膏样毛癣菌（图2-18）。病料检验也称须毛癣菌。在显微镜下皮屑中可见有分隔菌丝或结节菌丝，孢子排列成串。在葡萄糖蛋白胨琼脂上培养，25％生长良好，有两种菌落出现：①绒毛状菌落。表面有密短整齐的菌丝，雪白色，中央乳头状突起。镜检可见较细的分隔菌丝和大量洋梨状或棒状小分生孢子。偶见球拍状和结节状菌丝。②粉末状菌落。表面粉末样，较细，黄色，中央有少量白色菌丝团。镜检可见螺旋状、破梳状、球拍状和结节状菌丝。小分生孢子球状聚集成葡萄状。有少量大分生孢子。

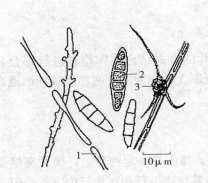

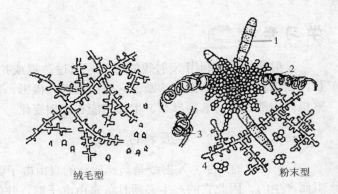

图2-17　石膏样小孢子菌　　　　　　　　图2-18　石膏样毛癣菌
1. 球拍状菌丝　2. 大分生孢子　3. 结节菌丝　　　1. 大分生孢子　2. 螺旋菌丝　3. 结节菌丝　4. 小分生孢子

　　3. 细菌性皮肤病皮肤刮取物检验　　犬、猫被毛里常蓄积大量的葡萄球菌、链球菌、棒状杆菌、假单胞菌、寻常变形杆菌、大肠杆菌、绿脓杆菌等。因此，一般皮屑检验都能看到不同种型的细菌。如果皮肤有损伤，镜检在损伤处刮取的病料，能看到不同种类的细菌。

二、伍德氏灯检查

　　伍德氏灯实际上是一种滤过紫外线检测灯（波长320～400nm），主要用于色素异常性疾病、皮肤感染等。上海顾村电光仪器厂生产的12W手提式紫外线检测灯（365nm）较好用。检查人民币真假的检测机也可试用。具体方法是在暗室里用灯照射患病处，观察荧光型。真菌犬小孢子菌、石膏样小孢子菌和铁锈色小孢子菌由于侵害了正在生长发育的被毛，利用被毛中色氨酸进行代谢，其代谢物为荧光物质，在伍德氏灯照射下，发出绿黄色或亮绿色荧光，借此可诊断3种真菌引起的真菌病。用伍德氏灯照射诊断犬、猫小孢子菌病，只能检出带菌猫的50％，另一半难以检出。用伍德氏灯照射细菌假单胞菌属，发出绿色荧光。局部外用凡士林、水杨酸、碘酊、肥皂和角蛋白等，也能发出荧光，但荧光一般不是绿黄色或亮绿色荧光，检查时应注意区别。

81

任务六　X射线检查

◇ 目的要求

了解X射线机的工作原理，学会对X射线机的使用与保养，能进行常规的拍片和读片。

◇ 器材要求

X射线机及配套设施。

◇ 学习场所

宠物疾病实验室诊断实训中心。

学习素材

X射线检查是利用X射线的特性，通过透视或拍片的方式结合临床检查进行综合分析，借以对某些疾病做出诊断。它包括透视、摄影、造影3种，尤其后两种能较详细地观察机体内部器官的解剖形态、生理功能和病理变化。

一、X射线的产生及特性

1. X射线的产生　X射线是高速运行的自由电子群，撞击在一定物质上，使其突然受阻而产生的。因此它的产生必须具备自由电子群，并使其高速运行和在运行中突然受阻三项条件。为提供这种条件，要有两项基本设备。即X射线管和高压发生器。近代的X射线管是一种高真空阴极管，阴极一端为钨制灯丝，灯丝加热即可产生自由电子群。X射线管的阳极一端为钨制靶面，可供阻止运行的电子群——由高压发生器产生的高电压电流连接X射线管的两端，由于高电压的电位差，可使电子群高速向靶面运行并冲撞受阻，便产生了X射线。

2. X射线的特性　X射线是一种波长极短的电磁波，波长为 $0.0006 \sim 50\,nm$，诊断用X射线的波长为 $0.008 \sim 0.031\,nm$，以波动方式传播。X射线除具有可见光的基本特性外，主要有以下几种特性。

（1）穿透作用。由于X射线波长很短，具有很强的穿透能力，能透过可见光不能透过的物质。它的穿透力与波长有关，波长越短穿透力越强。而使用的电压越高，X射线的波长越短。也与物质的相对密度和厚薄有关，物质的密度越低、越薄，越容易穿透。

（2）荧光作用。X射线波长很短，肉眼不可见，但当它照射在涂有荧光物质的荧光板上时，便能产生波长较长的可见光线。这一特性是透视检查的基础。

（3）感光作用。X射线与普通光线一样，具有光化学效应，可使胶片感光乳剂中的溴化银感光，经显影、定影后变为黑色金属银的X射线影像。这一特性是摄影检查的基础。

（4）电离作用。物质受X射线照射时可产生电离作用，分解为正负离子，被正负电极吸引形成电离电流，通过测量电离电流量，可计算出X射线的量，这是X射线测量的基础。

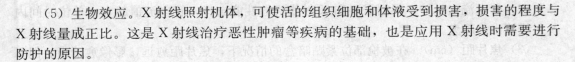

（5）生物效应。X射线照射机体，可使活的组织细胞和体液受到损害，损害的程度与X射线量成正比。这是X射线治疗恶性肿瘤等疾病的基础，也是应用X射线时需要进行防护的原因。

二、X射线成像基本原理及图像的特点

1. X射线成像基本原理

X射线成像的基本条件是：①X射线具有穿透作用、荧光作用与感光作用；②被穿过的动物机体的器官和组织必须存在密度和厚度的差异，当X射线通过动物体时，被吸收的X射线也必然会有差别，也就是X射线达到荧光板或胶片上时，要有不同的衰减差别。这种差别就可以形成黑白明暗不同的阴影；③通过暗室的化学过程（显影、定影）形成图像。通常用密度的高与低来表达影像的白与黑，物质密度高，影像在照片上呈白色影，相反则呈黑影。骨骼密度最大，X射线通过时多被吸收，在照片上显示为白色的骨骼影像；软组织和体液密度差别小，缺乏对比，在照片上皆显示为灰白色阴影；脂肪密度低于软组织和体液，在照片上呈灰黑色；气体密度最低呈黑色。X射线检查只靠上述自然对比是不够的，对于缺乏天然对比的组织或器官，尤其是中等密度的组织和器官，可以用人工的方法引入一定量的在密度上高于或低于它的物质使之产生对比，称为人工对比。这种方法为对比造影检查，简称造影。用做造影的物质则称为对比剂或造影剂。

2. X射线图像的特点

X射线片是平面图，有多种器官的影像重叠在一起；图像由于几何学的关系而比被照物体大；由于X射线投照方向的关系，可使器官发生扭曲、失真。以上因素在观察X射线片时应予注意。

三、摄影方法

摄影是把动物要检查的部位摄制成X射线片，然后在对X射线片上的影像进行研究的一种方法。X射线片的分辨率较高，影像清晰，可看到较细小的变化。因此，对病变的发现率与诊断准确率均较高，可长期保存，便于随时研究、比较和复查时参考。与透视相比，所需的器材较多，操作时间较长，成本较高，是兽医影像检查中最常用的一种方法。

摄影是把动物要检查的部位摄制成X射线片，然后在对X射线片上的影像进行研究的一种方法。X射线片上的空间分辨率较高，影像清晰，可看到较细小的变化，身体较厚部位以及厚度和密度差异较小的部位病变也能显示。因此，对病变的发现率与诊断准确率均较高。同时，X射线片可长期保存，便于随时研究、比较和复查时参考。尽管此法需要的器材较多，费时较长，成本也高，但它还是兽医影像检查中最常用的一种方法。

（一）摄影的应用范围

摄影广泛应用于全身各系统器官。四肢和骨骼、关节的检查，则以摄影检查为主。

（二）摄影条件的选择

1. 摄影的技术条件

（1）管电压（kV）。根据被检部的厚度选择管电压，厚者用较高的管电压，薄者用较低的管电压。通常先获得对一定厚度部位的最佳摄影管电压，然后以此为基准，按被检部位厚度变化调整管电压。当厚度增、减1cm时，管电压相应增、减2kV。较厚密部位需用80kV以上时，厚径每增、减1cm，要增、减3kV。需用95kV以上时，厚径每增、减1cm，要增、减4kV。

83

（2）管电流（mA）。根据需要和 X 射线机的性能选择，管电流值越大，单位时间内 X 射线输出量越大。

（3）焦片距（cm）。在被检部位紧贴暗盒的情况下，焦片距愈远，影像愈清晰。但 X 射线的强度也受距离平方反比规律的限制，距离增加 1 倍，强度减弱到原来的 1/4。当焦片距增加时，为使胶片达到一定的感光量，必须延长曝光时间，从而增加了摄影时动物移动的机会。焦片距过近则使影像放大和清晰度下降。一般选择 75cm，胸部照片距离可延至 100～180cm。

（4）曝光时间（s）。管电流通过 X 射线管的时间，以秒（s）表示。常以毫安秒（mAs）为单位计算 X 射线的量，即管电流与管电流通过 X 射线管的时间的乘积，例如，25mA×2s＝50mAs，也可变换为：50mA×1s＝50mAs。或 100mA×0.5S＝50mAs。它决定每张照片上的感光度。感光度过高、过低，可造成照片过黑、过白。临床上应根据 X 射线机实际性能，在保持一定的 X 射线的量情况下，宜尽量选择短的曝光时间，以减少动物移动而致影像模糊不清的情况发生。拍摄活动的器官，如心脏、肺、胃、肠，要比拍摄相对静止的部位如骨骼、关节，选择更短的曝光时间。

2. 摄影曝光条件表的制定 根据所用 X 射线诊断机的性能和 X 射线胶片、增感屏、滤线器的型号，制订一份摄影曝光条件表，专供本单位日常摄影使用。在拍摄某部位的照片时，可以方便地从表内挑选适宜的 X 射线曝光条件。在套用其他的现成技术资料时，应按本单位实际情况适当调整条件参数。如按照不同的被检部位固定 X 射线的量和焦片距，只变更管电压，即按照被检部厚度的厘米数的不同而改变管电压。对胸部或较薄的部位，厚度每增、减 1cm，就相应增、减 2kV。

如制订一份中、小动物的胸部摄影曝光条件表，可先参考"厚度（cm）×2＋25＝管电压（kV）"的公式确定管电压数，然后试以 6mAs 为基础进行不同的曝光试验，优选出最佳的 X 射线的量。通常将一张胶片分成 4 等份，拍摄相同部位，每次投照时只暴露要照相的 1/4，而用铅板覆盖其他 3/4。第 1 份用 1/2 的基础 X 射线的量，第 2 份用基础 X 射线的量，第 3 份用加倍基础 X 射线的量，第 4 份用 4 倍基础 X 射线的量。在相同的暗室条件下冲洗照片，然后通过对比试验选出其中最满意的一份，以其条件为标准。如果试验的结果全部不佳，则改变管电压或 X 射线的量值再进行试验直到满意为止。一旦找出了最佳条件，即可以此为基准，按被检部厚度的变化制订一份技术条件表（表 2-11）。

表 2-11　犬的摄影参考条件

摄影部位	管电压（kV）	X 射线的量（mA·s）	厚度（cm）
头	65	7	70～120
颈	65	6	70～120
胸	55～60	5	70～120
骨盆	60～70	7	70～120
肩	50	6	70～120
前肢	45～55	4～5	70～120
后肢	45～55	4～5	70～120

（三）X 射线机

X 射线影像是基于 X 射线的穿透性、荧光效应和感光效应及动物组织之间有密度和厚度的差别所形成的对比而产生的图像。X射线诊断技术是应用 X 射线的穿透性、荧光作用和感光作用，使动物体各种不同密度的组织，包括动物体内部器官，在荧光屏或 X 射线胶片上显影的一种检查技术。

目前，兽医临床使用的 X 射线机主要是普通诊断用 X 射线机，根据动物 X 射线检查的特点及实际生产需要，兽医临床使用的 X 射线机主要有 3 种类型。

1. 固定式 X 射线机　一般来说固定式 X 射线机多为性能较高的机器。这种 X 射线机的组成结构包括机头，可使机头多方位移动的悬挂、支持和移动的装置，以及诊视台、摄影台、高压发生器控制台。机器安装在室内固定的位置，机头可做上下、前后、左右三维活动，摄影台也可做前后、左右运动，这样在拍片时方便摆位，可做大、小动物的透视和摄影检查。这种机器的最大管电压为 100～150kV，管电流为 100～500mA。为克服动物活动造成的摄影失败或影像模糊，中型以上机器的曝光时间应能控制到 1/100秒。机器的噪声要小，机头的机动性要好。中型以上的机器一般有大、小两个焦点。有些机器还有影像增强器和电视设备，从而方便透视和造影检查，还保证了工作人员的安全（图 2-19）。

2. 携带式 X 射线机　这是一种便于携带的小型 X 射线机（图 2-20），全部机器装在一个箱子中，方便搬运。使用时从箱中取出进行组装，也包括 X 射线机头、支架和小型控制台。这种机器适合流动检查和小的兽医诊所使用。机动灵活，既可透视又可拍片。有些机器的最大输出可达到 90kV，10mA，电子限时器在 0.2～10.0s 可调。使用普通的单相电源，有的还可用蓄电池供电，因此外出拍片十分方便。还可做大动物的四肢下部摄影检查和小动物身体各部的检查，但胸部摄影效果较差。携带式 X 射线机只配备一个简单的透视屏，其防护条件较差，只宜做短时间的透视。

3. 移动式 X 射线机　移动式 X 射线机（图 2-21）多为小型机器，机器底座安有 3 个

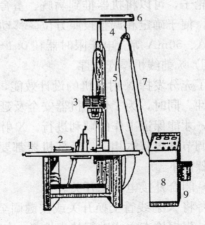

图 2-19　固定式 X 射线机

1. 摄影床　2. 体层架　3. X结管头　4. 接杆
5. 立柱　6. 天轨　7. 高压电缆
8. 控制装置　9. 高压发生装置

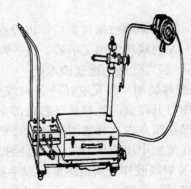

图 2-20　携带式 X 射线机

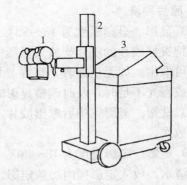

图 2-21　移动式 X 射线机

1. X 射线管头　2. 立柱　3. 控制装置

85

或 4 个轮子，可以将机器推到病厩、畜舍或手术室。支持机头的支架有多个活动关节，可以屈伸，便于确定和调整投照方位。移动式 X 射线机的管电压一般在 90kV 左右，管电流有 30mA、50mA 等。电子限时器在 0.1～6s 可调。

（四）X 射线机操作程序

为了充分发挥 X 射线机的设计效能，拍出较满意的 X 射线片，必须掌握所用 X 射线机的特性。同时，为了保证机器安全及延长其使用寿命，还必须严格按照操作规程使用 X 射线机，才能保证工作的顺利进行。X 射线机的种类繁多，但主要工作原理相同，控制台的各种调节器也基本相似。每部机器都要按其操作规程进行工作。各种 X 射线机的一般操作步骤如下：

（1）闭合外接电源总开关。

（2）将 X 射线管交换开关或按键调至需用的台次位置。

（3）根据检查方式进行技术选择，如是否用滤线器、点片等。

（4）接通机器电源，调节电源调节器，使电源电压表指示针在标准位置上（指向 220V），让机器预热一定时间。

（5）根据摄片位置、被照动物的情况调节管电压（千伏）、管电流（毫安）和曝光时间。

（6）摆好动物被摄位置后，再检查机器各个调节是否正确，然后按动曝光限时器。

（7）X 射线机使用完毕后，将各调节器调至最低位，关闭机器电源，断开线路电源。

（五）胶片处理的暗室技术

1. 胶片装卸　预先取好与 X 射线胶片尺寸一致的暗盒置于工作台上，松开固定弹簧。在暗室中打开暗盒。然后从已启封的 X 射线胶片盒内取出一张胶片放入暗盒内。确保胶片四周已在暗盒内，并紧闭暗盒后，则可送去进行 X 射线投照。如果需要较小尺寸的胶片，可在暗室中用裁片刀裁切。已经投照过的暗盒，送回暗室。在暗室中开启暗盒，轻拍暗盒使 X 射线胶片脱离增感屏，以手指捏住胶片一角轻轻提出。注意勿用手指向暗盒内挖取或以手触及胶片中心部分，以免胶片或增减屏受污损。胶片取出后，送入自动冲片机。如人工冲洗，则将胶片夹在洗片架上。

2. 胶片冲洗

（1）显影。显影温度为 18～20℃，显影时间为 4～6min。显影时一手拿起显影筒盖，另一手把夹好胶片的洗片架放入显影桶的药液内，上下移动数次再放好，把盖盖回。显影完毕即可取出。如无把握者，可在显影 2～3min 后取出在红灯下短暂观察一次。发现曝光过度或曝光不足时，及时调整显影时间予以补救。

（2）洗影。显影完毕后取出胶片，滴回多余的药液于显影桶内，置洗影桶内清水中上下移动数次。

（3）定影。定影温度为 18～20℃，定影时间为 15～20min。取出已洗影的胶片，滴去多余的清水，放入定影桶内加盖定影。

（4）冲影。定影完毕后，取出胶片，滴回多余的药液于定影筒内，放入冲洗池内用缓慢流动清水冲洗 30～60min。

（5）干燥。冲洗完毕的胶片，取出后置于晾片架上晾干，或在胶片干燥箱内干燥。胶片干燥后，从洗片架中取下并装入封套，登记后送交阅片，进行诊断，诊断后保存。

3. 显影剂及定影剂

（1）显影剂配方。取 50℃温水 800mL，加入甲基对氨基酚 3.5g、无水亚硫酸钠 60g、对苯二酚 9g、无水碳酸钠 40g、溴化钾 3.5g，按顺序溶解后，加水至 1 000mL。

（2）定影剂配方。取 50℃温水 600mL，加入硫代硫酸钠 240g、无水亚硫酸钠 15g、99％冰醋酸 14mL、硼酸 7.5g、钾矾 15g，按顺序溶解后，加水至 1 000mL。

四、造影检查

对缺乏天然对比的组织和器官的，为扩大其检查范围，提高诊断效果，可以把人工对比剂引进被检器官的内腔或其周围，造成密度对比差异，使被检组织器官的内腔或外形显现出来，这种人工对比技术称为造影术，而所用的对比剂称为造影剂。

（一）造影剂的种类

造影物质应该无毒、没有危险和副作用，并且化学性质稳定。造影剂可分为低原子序数物质和高原子序数物质两类。前者如气体，对 X 射线是透明的，称为阴性或可透性造影剂；后者如碘、钡相对的是不透 X 射线的，称为阳性或不透性造影剂。

1. 气体造影剂　气体是低密度的造影剂，包括空气、氧气、二氧化碳和二氧化氮。其中，空气最常用，且方便，在器官内或周围组织间不易弥散。停留时间较久，但其溶解度小，如进入血管内有产生气栓的危险。气体造影剂常用于关节腔造影、气腹造影、膀胱造影、气脑造影和结肠双重造影等。

2. 碘化钠　用其灭菌水溶液，药液应透明无色，若因游离碘析出而微黄者不宜使用。此液体可用于泌尿道和膀胱、脓腔、瘘管的灌注造影。其浓度按检查目的而定。一般用 10％～12.5％溶液；如用于检查异物、结石或肿瘤时，则使用 5％～7％的较低浓度的药液。

3. 碘油　为透明无色或微黄色的油状液体，含碘 30％～40％，变为棕色者系游离碘析出不宜使用（一般脓腔或瘘管除外）。碘油用于支气管、椎管、脓腔与瘘管的造影。但临床上也有使用 10％碘仿甘油剂做瘘管造影的。

4. 有机碘　有机碘制剂种类较多，为静注泌尿道及心血管造影剂，静注后迅速大量经肾排泄而使泌尿道显影，故用于排泄性尿道造影。其高浓度制剂多用于心血管造影。

5. 钡剂　化学纯的硫酸钡，可用做造影剂（不纯者如含有少量可溶性钡盐可引起中毒），主要用于消化道造影。胃肠造影用其 25％～40％的含胶质的混悬液。食道造影如能经口吞食者，可用高浓度的钡浆。瘘管造影也可使用 30％～40％硫酸钡甘油剂。在医学上也有使用 50％硫酸钡白发胶浆做支气管造影的。

（二）常用造影法

1. 消化道造影　消化道造影是宠物临床上意义最大的一种造影技术。宠物的消化道造影，除应用于食道检查外，还可用于胃肠检查和钡剂灌肠。食道检查的患病宠物无需特殊准备，插管灌入钡剂通常用站立侧位或直立位透视检查。但犬的食管检查以自然吞食钡剂为佳，做站立侧位透视检查。用含钡 80％的浓钡浆约 20mL（可调入适量砂糖或炼乳）用汤匙喂给。钡浆通过食管较慢，有时可显示粘膜情形。宠物的胃肠造影，使用约 40％的钡悬浮液，可以显示胃、肠的内腔及其蠕动排空情况，用以检查 X 射线可透性异物、肿块所引起的消化道狭窄或阻塞，消化道的痉挛和扩张，管壁上的肿瘤或溃疡以及胃肠的移位等。检查时，胃、肠应空虚，故需禁食 24h，检查前禁水 12h。随宠物的大小不同，需给予钡悬浮液 100～300mL，可在站立侧位或正、侧卧位透视观察，并对腹部加以推压检查。小宠物钡剂灌肠比口服钡剂能更清楚的显现大肠的状态。此法主要诊断回、结肠的肠套叠，大肠的狭窄、肿瘤或外在的占位性肿块和先天性畸形等；灌钡前先用肥皂水洗肠，将内容物排净，但肠阻塞可疑病例不应洗肠。通常用 25％的钡悬浮液约 500mL，并禁用油脂做插管润滑剂。

2. 泌尿道造影　泌尿道造影包括肾盂、输尿管及膀胱造影。可用于膀胱肿瘤、可透性结石、前列腺炎、先天性畸形、肾盂积水、输尿管阻塞、肾囊肿、肾肿瘤的诊断及肾功能的检查。造影前先做普通平片检查。膀胱造影通常是按导尿方式插管，将尿液排尽后向膀胱内灌注无菌空气 50～100mL，或灌注 10％碘化钠液（同上量）。插管困难者可做静注造影（同肾盂造影）。静注排泄性肾盂造影，患病宠物应停喂 1d，使胃肠空虚，造影前 12h 禁止饮水。静注前患病宠物仰卧保定，在后腹处加压迫带和气垫压迫输尿管下段，阻止造影剂进入膀胱而使肾盂充盈良好。缓慢静脉注射 50％泛影钠，剂量按每千克体重 2mL 计算。注后 5～15min 拍摄腹背位的腹部照片，即行冲洗，如肾盂、肾盏已显现清楚（否则需要重拍），可解除压迫带，使造影剂进入膀胱而拍摄膀胱照片。静注造影剂目的如仅为检查膀胱者，可免去上述肾盂造影程序。

3. 瘘管造影　瘘管造影可以了解瘘管盲端的方向位置、瘘管分布范围及与邻近组织器官或骨骼是否相通，以辅助手术治疗。根据实际情况，可选用前述的 10％～12.5％的碘化钠液、碘油或钡剂等，用玻璃注射器连接细胶管或粗针头，插入瘘管内，加压注入造影剂使其充满瘘管腔。注毕轻轻拔出胶管或针头，以棉栓填塞瘘管口，以防造影剂漏出，并把周围粘有造影剂的皮肤、被毛用棉花小心揩净。尽可能从两个方向或角度透视和拍片，以了解病变的全貌。

4. 气腹造影　气腹造影在宠物临床上有一定价值，大小宠物都可应用。小动物的应用范围更广，可以显示膈后的腹腔各器官，如膈、肝、脾、胃、肾、子宫、卵巢和膀胱等脏器，对观察其外形轮廓及彼此关系、有无其他病变存在都有较大作用。小动物可以随意改变体位，达到较充分的检查。注入的空气应先通到盛有液体的玻璃瓶过滤，以防止带入细菌。可按一般腹腔穿刺方法刺穿腹壁，针头由胶管与玻璃注射器连接。如有三通接头（一叉接注射针头，一叉接空气过滤瓶，一叉接玻璃注射器）最为便利，可以连续注射。注射量因宠物种类和大小不同而异，小型犬和猫为 1～5L。如发现宠物出现呼吸困难或不安，应立即停止注射。如欲检查前腹器官，则应使前躯高位；检查后腹脏器，要使后躯处于高位。检查完毕，再穿刺腹腔，将游离气体尽量吸出，残余空气数天后可逐渐被吸收。

5. 四肢关节充气造影　四肢关节充气造影可用于大型犬，以了解关节间隙、关节软骨和关节憩室等情况。前肢通常由肘关节以下，后肢由膝关节以下至膝关节都可以进行。其中，跗关节只限于胫距关节或近侧列的距跗关节。穿刺方法同外科关节穿刺术，注气操作与气腹造影相同。但应注意勿随便反复穿刺，以致造成关节囊气体漏出于邻近组织中，造成气肿而发生干扰。穿刺时如发现出血，则不能注入气体，以防止形成气栓。

任务七　B 型超声诊断仪检查

◇ **目的要求**

了解 B 型超声诊断仪的工作原理，学会对 B 型超声诊断仪的使用与保养，能进行常规的使用和解读。

◇ **器材要求**

B 型超声诊断仪及配套设施。

◇ **学习场所**

宠物疾病实验室诊断实训中心。

学习素材

B 型超声诊断仪检查是目前兽医临床使用最广的超声诊断法。它通过灰阶成像，采用多声束连续扫描，能显示脏器的活动状态（实时显像）、脏器的外形及毗邻关系，以及软组织的内部回声、内部结构、血管及其他管道的分布情况等。

一、B 型超声诊断仪声像图的术语

1. 回声　振源发射的声波经物体表面或媒质界面反射回到接收点的声波。医学诊断用超声是根据回声信号进行诊断的，故有重要意义。

2. 管腔回声　由脉管系统的管壁及其中流动的液体所组成的回声，又称为"管状回声"。管壁厚的有边缘，如门脉；管壁薄的边缘不明显，如肝静脉。

3. 气体回声　由肠腔、肺、气胸、皮下气肿、腐败气肿、胎儿等含气组织与器官反射的回声。气体可使超声波散射，导致能量减低形成衰退，声像图上呈强回声，其后方也可出现声影，但边缘不清，共同构成似云雾状。

4. 囊肿回声　囊肿壁呈清晰强回声，囊肿后方回声增强（蝌蚪尾症），囊肿内无回声，囊肿侧壁形成侧后方声影。新鲜血肿、稍稠的脓肿或均质的实质性肿物，也可出现囊肿样回声，故须注意鉴别。

5. 光团　声像图大于 1cm 的实质性占位所形成的球形亮区。提示存在有肿瘤、结石（其后有声影）或结缔组织重叠。

6. 光环　声像图上呈圆形或类似圆环形的回声亮环。回声强的为包膜或肿块边缘，回声弱的多见于肝内肿瘤膨胀性生长对周围组织压缩所致的暗圈。

7. 光点　声像图上小于 1cm 的亮区。小于 0.5cm 的为小光点，小于 0.1cm 的为细小光点。

8. 光斑　声像图上大于 0.5cm 的不规则的片状明亮部分，见于炎症及融合的肿瘤组织。

9. 暗区　声像图中范围超过 1cm 的无回声或低回声的区域，可分实质性暗区和液体

性暗区。

10. 无回声暗区　声像图中无光点，明显灰黑，加大增益后也无相应反射增强的暗区，通常为液体，如胆汁、胎水、尿液、卵泡液、囊肿液、眼房水，以及胎儿的胃液、尿液、心血和子宫积水、胸腹腔积液、寄生虫囊泡液。

11. 胚斑　在子宫的无回声暗区（胎水）内出现的光点或光团，为妊娠早期的胎体反射。一般在胎体反射中可见到脉动样闪烁的光点为胎心搏动，突出子宫壁上的光点或光团为早期胎盘或胎盘突，均为弱回声。回声强的光点或光团为胎儿肢体或骨骼的断面。暗区中出现细线状弱回声光环为胎膜反射，可随胎水出现波状浮动。胎儿颅腔和眼眶随骨骼的形成和骨化，可呈现由弱到强的回声光环。

12. 声影　出现在强回声后的无回声阴影区域。一般出现在与机体软组织声阻抗差异很大的含气肠腔和骨骼及胎儿骨骼强回声之后，它的出现和增强可显示骨骼的存在和胎儿骨骼的骨化程度。

二、B 型超声诊断仪应用基础

1. 主机和探头　B 型超声诊断仪由主机和探头两部分组成。探头是用来发射和接受超声，进行电声信号转换的部位，其形状和大小根据探查部位和用途不同，分为体壁用、腔内用（直肠内、阴道内、腹腔内、血管内）和穿刺用探头。另外，根据超声扫描方式，探头可分为线阵扫描和扇形扫描两类，前者因探头接触面小，更适合小动物的探查。主机由显示器、基本电路和记录部分组成，电脑化的记录部分可记录各种数据和测量长宽及面积，并可配录像、照相和自动打印设备。

2. 探头频率　常用的超声频率为 3.5MHz 和 5.0MHz（即每秒振动 350 万次和 500 万次）。探头频率高则分辨力好，但探查深度浅；频率低则探查深，但分辨力差。从体壁进行探查，一般用 2.25、3.5 或 5.0MHz 探头，也有用 7.5MHz 和 10MHz 探头的。7.5MHz 以上的高频探头可更精细观察眼、脑、睾丸、卵巢、初期胚胎和子宫壁及乳头结构的变化。小动物一般用 5.0MHz 或 7.5MHz 探头，也有用 10.0MHz 探头的。

3. 耦合剂　机体软组织与空气介质密度相差甚远，声阻抗差距很大，分别为 1.410～1.684 和 0.004 28。因此，从体壁进行探查时，为使超声能透射入机体内，不致被空气所反射，需在探头与体壁之间涂布耦合剂，使探头与皮肤密合。为保护探头和提高超声的透射，最好使用专门的医用耦合剂。

4. 探查方法　有滑行探查和扇形探查两种。前者是探头与体壁密接后，贴着体壁作直线滑行移动扫查；后者是将探头固定于一点，作各种方向的扇形摆动。具体操作时可两者结合，灵活应用。

5. 探查部位及处理　犬、猫、兔、海狸鼠、猴等中、小动物都取体外探查。动物的被毛影响探头与皮肤的密合和超声的透射，探查前应剃毛，尤其是绒毛较厚的小动物。为不影响宠物外观，也可将被毛分开后进行探查，但探查范围受到很大限制，并影响探查质量。体外探查诊断早孕时，一般在耻骨前缘和沿子宫角分布的腹部两侧探查；在探查胃损伤或胃内异物时，可让宠物大量饮水或向其胃内灌入液体，以便帮助诊断。其他脏器的探查可依解剖部位而定。

6. 局部解剖学　超声诊断是形态学诊断，所以应熟悉被探查部位器官和组织的局部解剖关系及其正常的形态学特点，正常的声像图要非常清楚，否则即使探查到，也不能正确识别进行诊断。

三、B 型超声诊断仪的操作程序

1. 操作要领

（1）连接电源。在使用前检查室电源、电压应与仪器的要求一致。

（2）连接探头。按扫描的脏器大小、深度要求选择不同频率的探头（换能器）。

（3）多功能旋钮的检查。打开电源开关，指示灯亮着，待预热 2～3min 后，按仪器说明书要求检查各功能键的工作状态，各项功能正常时，方可进行下一步具体的探测扫描工作。

（4）探测扫描。

①探查部位。见表 2-12。

表 2-12　犬的主要脏器扫描部位

脏器	心脏	肝	脾	肾
部位	左、右侧 3、5 肋间胸骨左、右缘稍向背侧	左、右侧 9～12 肋间，肋骨弓下方，胸骨后缘，对向头侧扫描	左侧最后肋间及肷部	左、右 12 肋间上部及最后肋骨后缘

②探查方法。犬取站立、横卧、犬坐、仰卧等各种体位。探查部位剪毛或用新配制的 7% 硫化钠脱毛。然后将耦合剂涂擦于局部皮肤或蘸在探头上（常用的耦合剂有专供耦合剂和各种油类，如机油，植物油、凡士林等）。握紧探头柄，垂直轻压皮肤或进行多点滑行，也可作定点转动呈扇形扫描。

2. 心脏瓣膜及心室壁的探查　犬取横卧或立位，其扫描部位及方向见表 2-13。

表 2-13　心脏扫描部位及方向

	二尖瓣（MV）	主动脉瓣（AV）	三尖瓣（TV）	肺动脉瓣（PV）	心室壁（VW）
扫描部位	右侧 3～5 肋间胸骨右边缘稍偏上方	同左	同左	左侧 3～4 肋间胸骨缘稍偏上方	左、右侧 3、5 肋间胸骨左右缘稍偏上方
方向	从对侧肘头向尾部方向	从对侧肘头向头部方向	向对侧垂直方向	从对侧肘头向头部方向	向对侧垂直方向

犬等小动物 UCT（超声断层图）及 UCG（超声心动图）扫描，探头直径要小些，用线阵式或扇形扫描较为合适。犬心脏扫描回声图（探头频率为 2.25MC，左侧横卧位右侧第 4 肋间扫描 MV 及 AV 的 UCG）。

探头频率为 5.0MC，右侧胸骨旁长轴声像图。图 2-22 为心包（p）两侧可见心包积液（pefl）和胸腔积液（pf）。图 2-23 为探头更向前扫查，发现全心增大和心包囊内心包积液（pe）（rV，右心室；lV，左心室；ra，右心房；la，左心房；jvs，室间隔；w，右心室壁；pVw，左心室后壁；f，心包积液）。

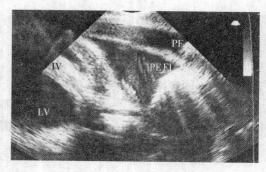

图 2-22　心包积液和胸腔积液

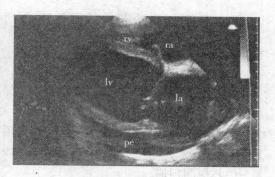

图 2-23　心包积液

3. 肝及胆囊的探查　犬取站立、横卧、犬坐等各种体位。图 2-24 的 G 为胆囊，L 肝后，C 两个半圆形强回声物质并伴有声影（黑色箭头），诊断为胆结石。

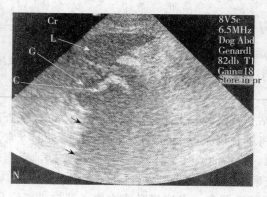

图 2-24　胆结石

4. 脾探查　犬取立位、右侧横卧、仰卧及犬坐等体位。图 2-25 的 S 为脾体，M 为混合型低回声团块（箭头），诊断为脾纤维肉瘤。

5. 肾探查　由于肠内气体回声的干扰，腹壁扫描不易进行。图 2-26 的 C 为肾髓质内出现大的结石物，箭头为结石物产生的声影。

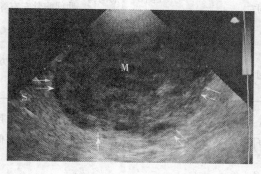

图 2-25　犬脾纤维肉瘤

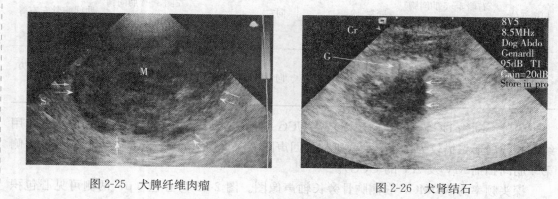

图 2-26　犬肾结石

任务八　内窥镜检查

◇ **目的要求**

了解内窥镜的工作原理，熟悉内窥镜的使用与保养。

◇ **器材要求**

内窥镜及配套设施。

◇ **学习场所**

宠物疾病实验室诊断实训中心。

学习素材

内窥镜又称内腔镜，简称内镜或窥镜，是一种医学光学仪器。借助于内窥镜可以直视体内许多器官系统的形态，可在损伤性很小的情况下完成一些传统手术，并方便地从活体器官上获取少量组织，进行疾病诊断。

光学内镜问世已有 200 余年历史，但由于操作不方便，临床应用受到了很大的限制。随着纤维内镜的创用，内镜检查技术才得以广泛、迅速地应用于临床。内镜检查可以直接清晰地窥视体内脏器，显著提高疾病的早期诊断率及诊断的准确性。

一、内窥腔镜的种类

迄今，内镜发展史可分 5 个阶段：

1. 硬管式内管　1868 年，Kussmual 首创的硬管式胃镜为其经典之作。

2. 可曲式胃镜　1932 年问世，其远端可弯曲。

3. 纤维内镜　1957 年，将纤维光学引进到内镜领域，使医用内镜跨入真正实用的新时代。

4. 电子摄像式内镜　其头端装有小的光敏感集成电路块，作为微型电视摄像机，成像于电视屏幕上，可供多人观看，便于会诊和教学；并可录像和摄影，有利于资料保存。

5. 超声内镜　将超声探头固定在纤维内镜头端，送入上消化道或呼吸道，在内镜观察管道内腔的同时，可用超声探头探查消化道壁、支气管管壁及毗邻脏器，并将声像图显示在屏幕上。

内镜检查的临床应用以纤维内镜为主。随着纤维光学技术的不断发展及工艺改进，目前已经制成了多种类型的纤维内镜，国内外学者也逐步将其应用于兽医临床领域，如咽喉镜、胃镜、直肠镜、宫腔镜、膀胱镜、关节镜、腹腔镜、胸腔镜等。按进入体内的途径，凡通过自然孔道如口腔、气管或尿道等插入的称为内镜；凡通过人工孔道如皮肤或黏膜及相应组织切开而插入的称为腔镜。

二、内窥镜成像原理

1. 纤维内窥镜　成像原理是将冷光源的光传入导光束，在导光束的头端（即内镜前端部）装有凹透镜，导光束传入的光通过凹透镜照射于脏器内腔的黏膜面上即被反射，这些反射光即为成像光线。成像光线进入观察系统后，按照先后顺序经过直角屋脊棱镜、成像物镜、玻璃纤维导像束、目镜等一系列光学反应，便能在目镜上呈现被检查脏器内腔黏膜的图像。纤维内镜的放大倍数一般为 30～35 倍，最高可达 170 倍。纤维内镜光度较好，图像清晰，光纤细小柔软，镜身可在被检脏器内回转弯曲。纤维内镜与硬管式内镜相比，提高了插入性和可操作性，使得视野广泛，减少了观察盲区。

2. 电子内窥镜 成像原理是利用镜身前端装备的微型图像传感器（CCD）及传导电缆代替纤维胃镜的棱镜和导像束，使 CCD 采集的电信号经外部的视频处理系统转换、分析变成视频信号在显示器上成像。这种电信号很容易将其数字化，方便地进行贮存、冻结、打印、局部放大等处理。电子内镜与光导纤维内镜相比，由于 CCD 的应用，使像素比纤维内镜大为增加，可达 40 万以上，在高分辨率大屏幕显示器观看图像更加清晰逼真，且有放大功能，因此具有很高的分辨能力，容易观察到被检脏器的微小病变，可以达到早期发现，早期诊断，早期治疗的目的。

三、内窥镜的结构

各种内窥镜的形状、结构虽不相同，但一般均由粗细、长短、形状不一的金属或塑料导管制成。其前端附有照明装置，管内有折射用的反光镜及电线，通过电线将尖端照明装置与外面的电源相连接。有的如腹腔镜、胃镜还附有采取组织标本的刮削或切除系统，或附有摄影装置。

为了深入检查体腔、体内器官或组织，医学上设计了很多种类的内窥镜，其组成包括硬质套管窥镜、光源、监视器和录放机、电子气腹机、套管针。

1. 硬质套管窥镜 指从体外导入腹腔的窥镜，规格多种多样，可根据需要选购。一般常用的为直径 5～10mm 的硬质导管窥镜，长为 30～60cm，可以屈曲。较长的窥镜优点是在腹腔内伸展范围大，检查的器官多，但不足的是操作较为复杂。多数窥镜的视角为 0°和 30°。一般窥镜都有两个通道，一个为光学凹透镜，另一个与光源连接，显示检查的体腔。手术窥镜有第三个通道，这个附加的通道可以避免手术时使用其他器械再另外开口。

2. 光源 光源是腹腔镜必不可少的部分。通过光纤与窥镜连接，显示出体腔和要检查的部位。一般观察只要求 150W 氙光源，但如需录像或摄影，则要求达到 300W 氙光源，才能拍出好的图像。

3. 录放机 用来监视手术区域。尽管手术过程录像帮不了大忙，但通过屏幕观察，手术医生可不必太靠近手术区，操作方便，助手也能在观测情况下协助手术。这一点比关节内窥镜更为重要，因为一般腹腔手术常需要更多的助手和器械，同时也减少了污染的机会。除了手术操作方便外，录放机还记录下了手术过程。目前录放机启闭都用一套无菌的遥控器，非常方便。此外，还可用照相机拍片。有的还带有打印机，需要时可以打印出所需的图片。

4. 电子气腹机 进行腹腔镜检和治疗前，首先必须使腹腔扩张造成气腹，使得腹腔有足够的空间，便于直观地对各脏器进行检查及手术操作。电子气腹机就是向腹腔内充适量的二氧化碳以扩张腹腔的仪器。新型气腹机流率和压率可调，一般流率为 1～10min，腹压一般在 2.0kPa 内无副作用，需要增减时可由医生掌握。气腹机也是通过套管针将二氧化碳导入腹腔的。

5. 胸腔镜　由于胸壁较薄而有足够空间，常不需要扩张就有相当好的视野。

6. 套管　套管是将仪器引入腹腔的部件。配置的套管有一次性的和重复使用的两种。套管直径有5～33mm多个型号，套管一端有橡胶环、垫圈及一个阀门。该套管腔可以使窥镜和器械进出，并取出切除组织，而不使二氧化碳逸出，腹腔仍然扩张。

7. 套针　套针是一钝的或锐的针，置于套管内。钝头针不需要保护，锐头针一般在气腹后使用，以避免损伤腹腔脏器，目前多在前端有塑料护套保护。

一般来说，套管针长15～20cm，可以进行站立腹侧壁手术操作。而腹部仰卧位和胸腔手术时只需长10cm的套管针。套管的直径为5～12mm，较大的套管针多用于腹腔缝合或从腹腔移出组织。

其他器械包括内窥镜、组织固定器、手术剪、手术镊子、持针器、缝合针、缝合线等，主要根据情况选用。

四、内窥镜的特点

（1）镜身较细，柔软可曲，可插入体内迂回曲折的内腔，上下、左右各方向弯曲角度大，弯曲半径小，故视野广，基本消灭了盲区；纤维光束导光、导像、成像清晰；操作部分功能复杂，但操作简单，能单手动作，方便地调节上下、左右弯角，并能进行给气、送水、吸引、活检。

（2）采用大功率、高亮度光源（卤素灯泡）照明，并用滤热线措施，使之成为冷光源，光线明亮，接近日光，使图像清晰，呈现自然色彩，比较逼真，也不会烧伤器官黏膜。

（3）配备多种附属设备和器械，如活检钳，细胞刷、夹持器械、异物取出器械、注射器，切开刀，可在内镜检查过程中完成多项操作，还配有教学镜，可供2人同时观察，便于教学。

五、内窥镜的应用

随着动物医疗水平的提高，内窥镜在兽医临床的应用逐渐增多，不仅在疾病检查诊断方面挥了重要作用，而且还能治疗许多疾病。目前，国内外用于动物临床的内窥镜主要是软性纤维内窥镜，包括胸腔镜、腹腔镜、食管镜、胃镜、结肠镜及关节镜。内窥镜应用应根据检查部位和器械不同，作不同准备。应用前应先检查照明装置、电源、反射镜等部分，准备好再进行检查。器械用前及用后应清洗、消毒，按规定保养。经内窥镜检查后的动物也应做一定的护理。

1. 支气管镜检查　适用于临床上具有气管或支气管阻塞症状的犬、猫。检查前30min对犬、猫进行全身麻醉，鼻内或取2‰利多卡因1mL咽部喷雾。取腹卧姿势，头部尽量向前上方伸展，经鼻或经口腔插入内窥镜（经口腔插入时需装置开口器）。根据个体大小选择不同型号的可屈式光导纤维支气管镜，镜体直径以3～10mm、长度以25～60cm为宜。插入时，先缓慢将镜端插入喉腔，并对声带及其附近的组织进行观察，然后送入气管内。此时，边插入边对气管黏膜进行观察。对大、中型犬，镜端可达肺边缘的支气管。对病变部位可用细胞刷或活检钳采取病料，进行组织学检查，还可吸取支气管分泌物或冲洗物进行细胞学检查和微生物学检查。

2. 食管镜检查　选用可屈式光导纤维内窥镜进行检查。取左侧卧位，全身麻醉，装

95

置开口器经口插入内窥镜，进入咽腔后，沿咽峡后壁正中的食管入口，随食管腔走向，调节插入方向，边插入边送气，同时进行观察。颈部食管正常是塌陷的，黏膜光滑、湿润，呈粉红色，皱襞纵行；胸段食管腔随呼吸运动而扩张和塌陷；食管与胃结合部通常是关闭的，胃黏膜皱襞粗大而不规则，呈深红色。急性食管炎时，黏膜肿胀，呈深红色，天鹅绒状；慢性食管炎时，黏膜弥漫性潮红、水肿，附有淡白色渗出物，可见有糜烂、溃疡或肉芽肿。

3. 胃镜检查　禁食24h，左侧卧，全身麻醉。镜头一过贲门即应停止插入，先对胃腔进行大体观察。正常胃黏膜呈暗红色，湿润、光滑，半透明状，皱襞呈索状隆起。上下移动镜头，可观察到胃体的大部分，依据大弯部的切迹可将体部与窦部区分开，镜头上弯，沿大弯推进，便可进入窦部。检查贲门部时，将镜头反曲呈"J"字形。常见的病理变化有胃炎、溃疡、出血。

4. 结肠镜检查　检查前2d给予流体食物，而后禁食24h。用温水灌肠，排空直肠和后部结肠的宿粪；犬左侧卧，全身麻醉；经肛门插入结肠镜，边插边吹入空气。在未发现直肠或结肠开口时，切勿将镜头抵至盲端，以免造成直肠穿孔。当镜头通过直肠时，顺着肠管自然走向插入内窥镜，将镜头略向上方弯曲，便可进入降行结肠。常见的病理变化有结肠炎、慢性溃疡性结肠炎、肿瘤、寄生虫等。

5. 腹腔镜检查　术部选择依检查目的而定，先在术部旁刺入封闭针，造成适度气腹，再在术部做一小的皮肤切口，将套管针插入腹腔，拔出针芯，插入腹腔镜，观察腹腔脏器的位置、大小、颜色、表面性状，以及有无粘连。

6. 膀胱镜检查　将母犬站立保定，排出直肠内宿粪和膀胱内积尿，于硬膜外腔麻醉。先插入导尿管并向膀胱内打气，而后取出导尿管，插入硬质窥镜。膀胱黏膜正常时富有光泽、湿润，血管隆凸，呈深红色，输尿管口不断有尿滴形成。慢性膀胱炎时，黏膜增厚，形如山峡或类似肿瘤样增生。

建　立　诊　断

【学习目标】

掌握建立诊断的方法及步骤，学会临床常见疾病填写病历记录、开写处方。

任务一　建立诊断的方法及步骤

◇ **目的要求**

熟悉建立诊断的方法和步骤，能对临床常见疾病进行初步诊断，并制订较为合理的防治措施。

◇ **学习场所**

理实一体化教室。

学习素材

一、建立诊断步骤

首先通过病史调查、一般检查和分系统检查，并根据需要进行必要的实验室检验或 X 射线检查，系统全面地收集症状和有关发病经过的资料；然后，对所收集到的症状、资料进行综合分析、推理、判断，初步确定病变部位、疾病性质、致病原因及发病机理，建立初步诊断；最后依据初步诊断实施防治，以验证、补充和修改，最后对疾病作出确切诊断。

搜集病料、综合分析、验证诊断是诊断疾病的 3 个基本步骤。三者互相联系，相辅相成，缺一不可。其中，搜集症状是认识疾病的基础，分析症状是建立初步诊断的关键，而实施防治、观察效果则是验证和完善诊断的必由之路。

二、建立诊断方法

1. 论证论断法　根据可以反映某疾病本质的特有症状提出该病的假定诊断，并将实际所具有的症状、资料与假定的疾病加以比较和分析，若大部分主要症状及条件都相符合，所有现象和变化均可用该病予以解释，则这一诊断成立，即可建立初步诊断。

论证诊断是以确切的病史、症状资料为基础，但同一疾病的不同类型、程度或时期所表现的症状也不尽相同。而动物的种类、品种、年龄、性别及个体的营养条件和反应能力不一，会使其呈现的症状发生差异。所以，论证诊断时，不能机械地对照书本或只凭经验而主观臆断，应对具体情况具体分析。

论证诊断应以病理学为基础，从整个疾病考虑，以解释所有现象，并找出各个变化之间的关系。对并发症与继发症、主要疾病与次要疾病、原发病与继发病要有明确认识，以求深入认识疾病本质和规律，制订合理的综合防治措施。

2. 鉴别诊断法 根据某一个或某几个主要症状提出一组可能的、相近似的而有待区别的疾病，并将它们从病因、症状、发病经过等方面进行分析和比较，采用排除法逐渐排除可能性较小的疾病，最后留下一个或几个可能性较大的疾病，作为初步诊断结果，并根据治疗实践的验证，最后作出确切诊断。

在鉴别诊断时，应以主要症状及其综合征候群是否符合，具体的致病因素和条件是否存在，疾病的发生情况和特点与一般规律是否一致，防治的效果是否能予以验证等条件作为基础，对提出的一组疾病实行肯定或否定。

如缺少假定疾病应具有的特殊或主要症状，以及引起该病明确的致病因素，或假定疾病不能解释其全部症状，则该病可暂被否定。

论证诊断法和鉴别诊断法在疾病诊断中互相补充，相辅相成。一般当提出某一种疾病的可能性诊断时，主要通过论证方法，并适当的与近似疾病加以区别，进而作出肯定或否定。但当提出有几种疾病的可能性诊断时，则首先应进行比较、鉴别，经逐个排除，对最后留有的可能性疾病加以论证。如此经过论证与鉴别或鉴别与论证的过程，假定的可能性诊断即成为初步诊断。

三、预后判断

预后是对动物所患疾病发展趋势及结局的估计与推断。预后良好，是指估计不仅能被完全治愈，而且保持原有的生产能力和经济价值；预后不良，是指估计死亡或丧失其生产能力和经济价值；预后慎重，是指结局良好与否不能判定，有可能在短时间内完全治愈，也有可能转为死亡或丧失其生产能力和经济价值；预后可疑，是指材料不全，或病情正在发展变化之中，结局尚难推断，一时不能作出肯定的预后。可靠的预后判断必须建立在正确诊断的基础上，这不仅要求具有丰富的临床经验和一定的专业理论水平，还要充分考虑具体病例的个体条件和有无并发症，并且随时注意疾病发展过程中出现的新变化。对重症病例应注意心脏、呼吸、体温、血象等的变化。

任务二　病历记录

◇ **目的要求**

掌握病历记录填写的原则，能够对临床简单病例填写病历记录。

◇ **器材要求**

病历记录本。

◇ **学习场所**

理实一体化教室或宠物医院门诊。

学习素材

病例记录是诊疗机构的法定文件，可供内部诊疗人员和外来工作者查阅和参考，并成为法医学的根据。因此，必须认真填写，妥善保管。

1. 填写病历的原则

（1）全面而详细。应将所有关于问诊、临床检查、特殊检验的所见及结果详尽地记入。某些检查项目的阴性结果，亦应记入（如肺听诊未见异常声音），其目的是可作为排除某诊断的根据。

（2）系统而科学。所有内容应按系统或检查部位有顺序地记载，以便于归纳、整理各种症状和所见，应以通用名词或术语加以客观描述，不宜以病名概括所见的现象。

（3）具体而肯定。对各种症状的表现和变化，力求真实具体，最好以数字、程度标明或用实物加以恰当的比喻，必要时附上简图，进行确切地形容和描述。避免用可能、似乎、好像等模棱两可的词句，至于一时无法确定的，可在词语后标注问号，以便继续观察和确定。

（4）通俗而易懂。记录词句应通俗、简明，有关主诉内容，可记录宠物主人自述话语。

2. 病历内容

（1）动物种属、名称、特征。

（2）主诉及问诊资料。

（3）临床检查所见。首先，记录体温、脉搏、呼吸数。其次，记录整体状态（精神、体格、发育、营养、姿势、行为），以及被毛皮肤情况、眼结膜颜色；浅表淋巴结及淋巴管的变化。再次，按心血管系统、呼吸系统、消化系统、泌尿生殖系统、神经系统顺序，逐一记录检查结果的症状、变化；也可按着头颈部、胸部、腹部、臀尾、四肢等躯体部位和器官记录。最后，辅助和特殊检查结果可以附表形式记入。

（4）病历日志。①逐日记载体温、脉搏、呼吸次数。②各器官系统症状、变化（一般只记载与前日不同之处）。③各种辅助、特殊检查结果。④治疗原则、方法、处方、护理，以及改善饲养管理方面的措施。⑤会诊人员、意见及决定。

（5）总结。治疗结束时，以总结方式，概括诊断、治疗结果，并对今后生产能力加以评定，并指出在饲养管理上应注意的事项。

如发生死亡转归时，应进行尸体剖检并附病理剖检报告。

最后整理、归纳诊疗过程中的经验、教训或附病例讨论。

宠物疾病临床治疗方法

【学习目标】

掌握临床常见的宠物疾病治疗方法，能对宠物常见疾病采取治疗措施。

任务一 投药疗法

◇ **目的要求**

能熟练对犬、猫实施多种口服给药方法，并了解操作过程的注意事项。

◇ **器材要求**

实验用犬、猫或宠物医院临床病例、保定用口笼、保定钳、纱布条、伊丽莎白项圈、开口器、输液空瓶、小勺、输液器（连接头以下剪去）、人用 14 号导尿管、洗耳球、片剂、水剂、粉剂，及胶囊药物、眼药水、相应食物、饮水。

◇ **学习场所**

宠物疾病临床诊断实训中心或宠物医院门诊。

一、经口投药法

1. 器械准备 小勺、洗耳球、注射器等。

2. 方法

（1）拌食投药。对食欲尚好的犬、猫，为了减少注射给药对其的刺激，可通过此法给药。所投药物应无特殊气味、无刺激性，多数犬、猫对带有甜味的药物不拒食。投药时，可将药物与犬、猫最爱吃的食物拌匀，让犬、猫自行吃下去。为使犬、猫能顺利吃完拌药的食物，用药之前可对犬、猫禁食一段时间。另外，为了使药物与食物更好地混合，可将片剂碾成粉剂拌入食物中，胶囊或片剂也可直接塞入肉块或火腿肠内引诱犬、猫直接吞服。

（2）灌服投药。此种方法对于所投药物气味明显或食欲低下或废绝的犬、猫给药时用，在保定确实的情况下强行将药物经口灌入犬、猫的胃内。灌服前，先将药物中加入少量水，调制成泥膏状或稀糊状。灌药时，将犬站立保定，助手（犬主）用两手分别抓住犬的上下颌，将其上下分开，术者用圆钝头的竹片刮取泥膏状药物，直接将药涂于犬的舌根部（图 4-1）。

少量液体性药物灌服时，犬、猫取站立保定，保持下颌与地面平行，将投服的药物吸入洗耳球或去掉针头的注射器中，由犬、猫嘴角齿缝中滴入，然后扬起其头部，保持口角与眼角呈水平线，待其吞咽。投药时若犬、猫出现强烈反抗或咳嗽时应立即停止，以防药物误咽入气管或造成浪费。一次灌入量不宜过多；每次灌入后，待药液完全被咽下后再重复灌入（图4-2）。

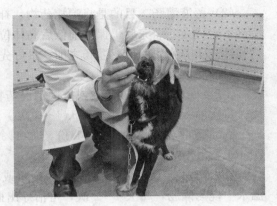

图4-1　经口投药　　　　　　　　　　　　　　　图4-2　经口投药

片剂药物给药时，可徒手开口。开口后，用镊子夹持药片送入犬、猫舌根部，闭合口腔，用手轻按咽喉部，看到犬、猫出现吞咽动作后即显示给药成功。

3. 注意事项

（1）灌药过程中，若犬、猫强烈挣扎反抗，则应停止操作，以防误咽。

（2）头部吊起或仰起的高度以口角与眼角呈水平线为准，不宜过高。

（3）灌药中，病犬、猫如发生强烈咳嗽，则应立即停止灌药，并使其头低下，使药液咳出，犬、猫安静后再灌药。

（4）呕吐严重的犬、猫，不宜采用灌服给药。

二、直肠投药法

直肠投药常用于犬、猫因严重呕吐，不宜经口投药时。

1. 器械准备　输液空瓶、输液器（连接头以下剪去）、人用14号导尿管。

2. 方法　用输液空瓶装入温热的灌肠溶液，安上输液器。把输液器下方的连接头剪去，将塑料管的断端插入人用14号导尿管中。打开输液开关，检查插头处是否漏水。关上输液开关待用。

犬、猫取提举后肢保定或站立保定姿势且保持前低后高。剪去犬、猫肛门周围的污浊被毛，把导尿管的圆头端从肛门插入，边插边放液，以润滑肠道易于插入。尽量多地插入导尿管，尤其是做留液灌肠时，利于药液深入肠管。如发现阻塞，可来回抽动导尿管，或让犬、猫将积粪排出后再继续灌肠。

（1）不留液灌肠。目的是软化粪便、清洁肠道。灌肠溶液用量较大，一般一次用量100~1 000mL（根据犬、猫体形大小而定），常将溶液瓶抬高，使灌入压力增大，灌肠速度较快。灌完后保持原来姿势2~3min后让犬、猫排泄。常用的溶液有以下几种：

①温开水或冷开水，可起清肠、降温作用。

②生理盐水，刺激性较轻，可用于肠道有疾患的犬、猫的清肠通便。

③0.1％～0.2％肥皂水（在开水中加入肥皂至乳白色为止），用于手术前清肠或分娩前催产，同时可起驱气作用。

④松节油溶液（松节油 4mL 加入 500mL 肥皂水中搅匀），可以驱出肠内积气，减轻腹胀。

（2）留液灌肠。目的是将治疗药物、补充营养物质灌入肠道。灌肠速度不宜过快，溶液量不宜过大，灌完后仍保持前低后高体位，并用宠物尾根塞肛门一段时间。在做输入药物和补充营养物质的保留灌肠之前，最好先用温水进行洗肠，使犬、猫将积粪排出。常用的保留灌肠溶液有以下几种：

①5％～10％大蒜浸出液或抗菌消炎药物的溶液，可治疗慢性肠炎或配合治疗急性肠炎。每次灌入 50～100mL，每天 1～2 次。

②冰硼散 3 份、锡类散 1 份，加 1％普鲁卡因 25～50mL，再加淡盐水至 100～200mL，可治疗慢性结肠炎。

③云南白药 1～2g、中药制剂犬痢康或增效泻痢宁胶囊 2～4 粒，将药粉融入 100mL 温水中搅匀灌肠，每天 1～2 次，可治疗出血性肠炎。

④5％葡萄糖氯化钠或口服补液盐溶液，可给不能经口进食的病犬补充水分和营养，每次 200～300mL，每天 2 次。

三、眼、耳投药法

1. 眼药的投给法　投给水性眼药时，犬、猫每侧结膜囊只能承受 2 滴眼药水。大部分的眼药水仅能维持 2h，故应以 2h 的间隔进行点眼。而软膏类眼药则最多可以持续 4h。水剂眼药可以从内眼角点眼，但药瓶不能触及眼球。软膏剂则应涂在下睑缘，长度以 3mm 为宜。

2. 耳药投给法　如果犬、猫耳内分泌物较多，应先清理耳道。清理耳道的方法是将犬、猫头部固定，将洗耳液滴入耳道，用手轻轻的按摩 1min，松开手后任其自然甩头将耳道分泌物甩出。进行患耳的清洁后，便可将治疗用的油剂或膏剂耳药点入患耳内，涂膏剂后要轻轻按摩。

任务二　注射疗法

◇ **目的要求**

能熟练对犬、猫实施多种注射给药方法，并了解操作过程的注意事项。

◇ **器材要求**

实验用犬、猫或宠物医院临床病例、保定用口笼、保定钳、纱布条、伊丽莎白项圈、生理盐水、注射器、输液器、医用胶带、酒精棉球、输液用药物、止血带等。

◇ **学习场所**

宠物疾病临床诊断实训中心或宠物医院门诊。

一、注射疗法概述

注射疗法是使用无菌注射器或输液器将药液直接注入动物体组织内、体腔或血管内的给药方法，是临床上最常用的技术。具有给药量小、疗效确实、见效快等优点。

1. 注射原则

（1）严格遵守无菌操作原则，防止感染。注射前须洗手、戴口罩。被毛浓厚的宠物，可先剪毛。用棉签蘸2％碘酊消毒注射部位，以注射点为中心向外螺旋式旋转涂擦，碘酊干后，用70％乙醇以同法脱碘，待干后方可注射。

（2）检查药液质量，如药液变色、沉淀、混浊，药物有效期已过或安瓿有裂缝，均不能使用。多种药物混合注射需注意配伍禁忌。

（3）根据药液量、黏稠度及刺激性强弱选择注射器和针头。注射器须完好无损，注射器和针头衔接须紧密。

（4）选择合适的注射部位，防止损伤神经和血管，不能在炎症、硬结、瘢痕及皮肤病处进针。

（5）注射药物按规定时间现配现用，以防药物效价降低或污染。

（6）注射前须排尽注射器内空气，以防空气进入形成空气栓子。

（7）进针后，注入药液前应抽动活塞，检查有无回血。静脉注射须见有回血方可注入药液；皮下、肌内注射发现回血，应拔出针头重新进针，不可将药液注入血管内。

（8）对刺激性强的药物，针头宜粗长，进针宜深，以防疼痛和形成硬结。同时，注射多种药物时，先注射无刺激性或刺激性弱的药物，后注射刺激性强的药物。如注射一种药物，且量大时，应分点注射。

2. 注射用品

（1）注射盘常规放置下列物品。无菌持物钳，皮肤消毒液（2％碘酊和70％乙醇），棉签、乙醇棉球，静脉注射用的止血带和止血钳。

（2）注射器和针头。注射器由空筒和活塞两部分组成，注射器按材料可分为玻璃、金属、尼龙、塑料等4种，按其容量分为1、2.5、5、10、20、30、50、100mL等规格。此外，还有特殊用途的连续注射器、远距离吹管注射器等。注射枪适用于野生动物饲养场、动物园或狩猎。注射针头则根据其内径大小及长短而分为不同型号。

（3）药物。常用药物有溶液、油剂、混悬剂、结晶和粉剂等。根据实际处方准备。

3. 药液抽吸法

（1）自安瓿内吸取药液的方法。将安瓿尖端药液弹至体部，用乙醇棉球消毒安瓿颈部，折断安瓿。将针头斜面向下放入安瓿内液面之下，抽动活塞吸药。吸药时手持针栓柄，不可触及针栓其他部位。抽毕，将针头垂直向上，轻拉针栓，使针头中的药液流入注射器内，使气泡聚集在乳头处，轻推针栓，排出气体。如注射器乳头位于一侧，排气时将乳头稍倾斜，使气泡集中在乳头根部，用上述方法排出气体。将安瓿套在针头上备用（图4-3、图4-4）。

（2）自密封瓶内吸取药液的方法。除去铝盖中心部分，用2％碘酊、70％乙醇棉签消毒瓶盖，待干。将针头插入瓶内，注入所需药量等量的空气（增加瓶内压力，避免形成负压）。倒转药瓶及注射器，使针尖在液面以下，吸取所需药量。再以食指固定针栓，拔出针头，排尽空气。

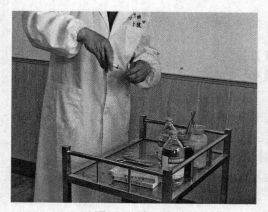

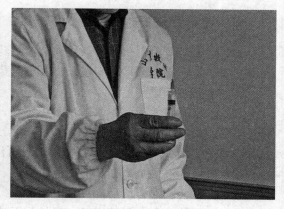

图 4-3　抽取药液　　　　　　　　　　　　　　　　图 4-4　排出气体

（3）吸取结晶、粉剂或油剂药物的方法。用无菌生理盐水或注射用水（专用溶媒）将结晶、粉剂溶解，待充分溶解后吸取。如为混悬液，则应先摇匀再吸药。油剂可先用双手对搓药瓶后再抽吸。油剂及混悬剂抽吸时应选用稍粗的针头。

二、注射法

（一）皮内注射

皮内注射是将药液注入表皮与真皮之间的注射方法，多用于诊断。

1. 应用　主要用于某些疾病的变态反应诊断，或做药物过敏试验。一般仅在皮内注射药液或疫（菌）苗 0.1～0.5mL。

2. 准备　小容量注射器或 1～2mL 特制的注射器与短针头。

3. 部位　多选在颈侧中部。

4. 方法　常规消毒，排尽注射器内空气，左手绷紧注射部位，右手持注射器，针头斜面向上，与皮肤呈 5°角刺入皮内。待针头斜面全部进入皮内后，左手拇指固定针柱，右手推注药液，局部可见一半球形隆起。注毕，迅速拔出针头，术部轻轻消毒，但应避免压挤局部（图 4-5）。

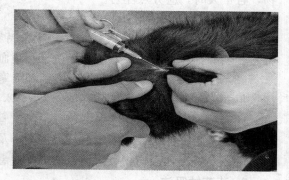

图 4-5　皮内注射

5. 注意事项　注射进针不可过深，以免刺入皮下，应将药物注入表皮和真皮之间。拔出针头后注射部位不可用棉球按压揉擦。

（二）皮下注射

皮下注射是将药液注入皮下结缔组织内的注射方法。

1. 应用　将药液注射于皮下结缔组织内，经毛细血管、淋巴管吸收进入血液，发挥药效而达到防治疾病的目的。凡是易溶解、无强刺激性的药品及疫苗、菌苗、血清、抗蠕虫药（如伊维菌素）等，某些局部麻醉剂，不能口服或不宜口服的药物要求在一定时间内发生药效时，均可做皮下注射。

2. 准备　根据注射药量多少，可用 2mL、5mL、10mL 的注射器及相应针头。抽吸药液时，应先将安瓿封口端用酒精棉消毒，并检查药品名称及质量。

3. 部位 多在皮肤较薄、富有皮下组织、活动性较大的背胸部、股内侧、颈部和肩胛后部等部位。

4. 方法

（1）准确抽取药液，而后排出注射器内混有的气泡。此时，注射针要安装牢固，以免脱掉。

（2）首先将注射部位剪毛、清洗、擦干，除去体表的污物。对术者的手指及注射部位进行消毒。

（3）注射时，术者左手中指和拇指捏起注射部位的皮肤，同时用食指尖下压使其呈皱褶陷窝，右手持连接针头的注射器，针头斜面向上，从皱褶基部陷窝处与皮肤呈30°～40°角，刺入针头的 2/3（根据犬、猫体型的大小，适当调整进针深度），此时如感觉针头无阻抗，且能自由活动时，左手把持针头连接部，右手抽吸无回血即可推压针筒活塞注射药液。如注射大量药液时，应分点注射。注完后，左手持干棉球按住刺入点，右手拔出针头，局部消毒。必要时可对局部进行轻轻按摩，以促进吸收（图4-6）。

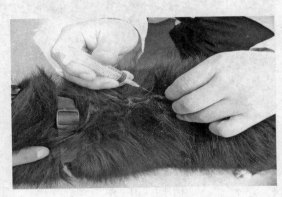

图4-6 皮下注射

5. 特点

（1）皮下注射的药液，可由皮下结缔组织分布广泛的毛细血管吸收而进入血液。

（2）药物的吸收比经口给药和直肠给药快，药效确实。

（3）与血管内注射比较，没有危险性，容易操作，大量药液也可注射，而且药效持续时间较长。

（4）皮下注射时，药物的种类不同，有时会引起注射部位的肿胀和疼痛。

（5）皮下有脂肪层，吸收较慢，一般经 5～10min，才能呈现药效。

6. 注意事项

（1）刺激性强的药品不能皮下注射，特别是对局部刺激较强的钙制剂、砷制剂、水合氯醛及高渗溶液等，易诱发炎症，甚至组织坏死。

（2）大量注射补液时，需将药液加温后分点注射。注射后应轻轻按摩或温敷，以促进吸收。

（三）肌内注射

肌内注射是将药物注入肌肉内的注射方法。

1. 应用 肌肉内血管丰富，药液注入肌肉内吸收较快。由于肌肉内的感觉神经较少，疼痛轻微。因此，刺激性较强和较难吸收的药液，进行血管内注射有副作用的药液，油剂、乳剂等不能进行血管内注射的药液，为了延缓吸收、持续发挥作用，均可采用肌内注射。

2. 准备 同皮下注射。

3. 部位 多在颈侧及臀部，但应避开大血管及神经径路的部位。

4. 方法

（1）动物适当保定，局部常规消毒处理（图4-7）。

（2）左手的拇指与食指轻压注射局部，右手持注射器，使针头与皮肤垂直，迅速刺入肌肉内。一般刺入 1～2cm，尔后用左手拇指与食指握住露出皮外的针头结合部分，以食指指节顶在皮上，再用右手抽动针管活塞，观察无回血后，即可缓慢注入药液。如有回血，可将针头拔出少许再行试抽，见无回血后方可注入药液。注射完毕，用左手持酒精棉球压迫针孔部，迅速拔出针头（图4-8）。

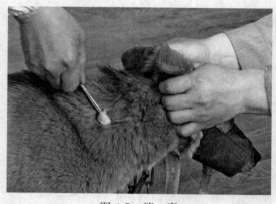

图4-7　消　毒

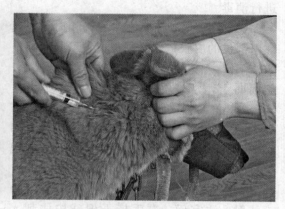

图4-8　肌内注射

5. 特点　（1）肌内注射吸收缓慢，能长时间保持药效、维持血药浓度。

（2）肌肉比皮肤感觉迟钝，因此注射具有刺激性的药物不会引起剧烈疼痛。

（3）由于宠物的骚动或宠物医生操作不熟练，注射针头或注射器（玻璃或塑料注射器）的接合头易折断。

6. 注意事项

（1）针头一般只刺入 2/3，切勿把针头全部刺入，以防针头从根部衔接处折断。

（2）强刺激性药物如水合氯醛、钙制剂、浓盐水等，不能肌内注射。

（3）注射针头如接触神经时，则宠物感觉疼痛不安，此时应变换针头方向，再注射药液。

（4）万一针头折断，应保持局部和肢体不动，迅速用止血钳夹住断端拔出。如不能拔出时，先将病犬、猫保定好，防止其骚动，行局部麻醉后迅速切开注射部位，用小镊子、持针钳或止血钳拔出折断的针头。

（5）长期进行肌内注射的犬、猫，注射部位应交替更换，以减少硬结的发生。

（6）两种以上药液同时注射时，要注意药物的配伍禁忌，必要时在不同部位注射。

（7）根据药液的量、黏稠度和刺激性的强弱，选择适当的注射器和针头。

（8）避免在瘢痕、硬结、发炎、皮肤病及有针眼的部位注射。瘀血及血肿部位不宜进行注射。

（四）静脉内注射

静脉内注射又称血管内注射。静脉内注射是将药液注入静脉内，是治疗危重疾病的主要给药方法。

1. 应用　用于大量输液、输血；或用于以治疗为目的的急需速效的药物（如急救、

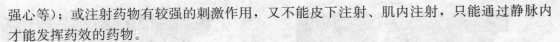

强心等）；或注射药物有较强的刺激作用，又不能皮下注射、肌内注射，只能通过静脉内才能发挥药效的药物。

2．准备

（1）根据注射用量可备 50～l00mL 注射器及相应的注射针头（连接乳胶管的针头）。大量输液时则应使用一次性输液器。

（2）注射药液的温度要尽可能地接近于体温。

（3）大型犬、猫站立保定，使头稍向前伸，并稍偏向对侧。小型犬、猫可行腹卧保定。

（4）输液时，药瓶（生理盐水瓶）挂在输液架上，位置应高于注射部位。输液前排净输液器内的气体，拧紧调节器。

3．部位　犬、猫在前肢腕关节正前方偏内侧的前臂皮下静脉和后肢跖部背外侧的小隐静脉，也可在颈静脉进行静脉内注射。

4．犬的静脉内注射

（1）前臂皮下静脉注射　此部位为犬最常用、最方便的静脉注射部位。该静脉位于犬前肢腕关节正前方稍偏内侧。犬可侧卧、伏卧或站立保定，助手或犬主人从犬的后侧握住犬肘部，使皮肤向上牵拉和静脉怒张，也可用止血带（乳胶管）结扎使静脉怒张。操作者位于犬的前面，注射针由近腕关节 1/3 处刺入静脉，当确定针头在血管内后，针头连接管处见到回血，再顺静脉管进针少许，以防犬骚动时针头滑出血管。松开止血带或乳胶管，即可注入药液，并调整输液速度。静脉输液时，可用胶布缠绕固定针头。在输液过程中，必要时试抽回血，以检查针头是否在血管内。注射完毕，以干棉签或棉球按压针眼，迅速拔出针头，局部按压或嘱宠物主人按压片刻，防止出血（图 4-9 至图 4-14）。

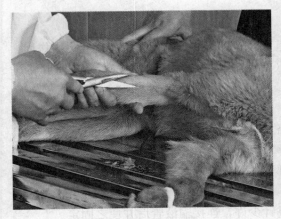

图 4-9　剪毛暴露血管

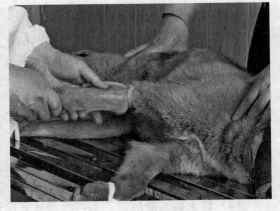

图 4-10　乳胶管结扎静脉让其怒张

（2）后肢外侧小隐静脉注射。此静脉位于后肢胫部下 1/3 的外侧浅表皮下，由前斜向后上方，易于滑动。注射时，使犬侧卧保定，局部剪毛消毒。用乳胶带绑在犬股部，或由助手用手紧握股部，使静脉怒张。操作者左手从内侧握住犬下肢以固定静脉，右手持注射针由左手指端处刺入静脉。

5．特点

（1）药液直接注入脉管内，随血液分布全身，药效快，作用强，注射部位疼痛反应较

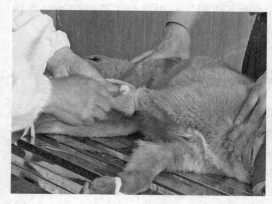

图 4-11　消　毒

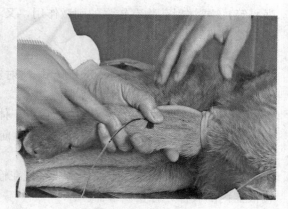

图 4-12　注射有回血

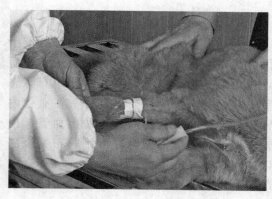

图 4-13　固定针头，调节输液速度

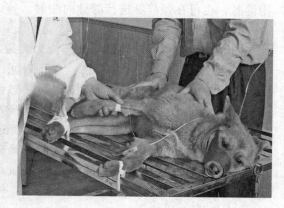

图 4-14　输　液

轻。但药物代谢较快，作用时间较短。

（2）药物直接进入血液，不会受到消化道及其他脏器的影响而发生变化或失去作用。

（3）病犬、猫能耐受刺激性较强的药液（如钙制剂、10％氯化钠等），容纳大量的输液和输血。

6. 注意事项

（1）严格遵守无菌操作。注射局部应严格消毒。

（2）注射时要注意检查针头是否畅通。

（3）注射时要看清脉管径路，明确注射部位，刺入准确，一针见血，防止乱刺，以免引起局部血肿或静脉炎。

（4）针头刺入静脉后，要再顺静脉方向进针少许，连接输液管后并使之固定。

（5）刺针前应排净注射器或输液器中的空气。

（6）要注意检查药品的质量，防止杂质、沉淀。混合注入多种药液时，应注意配伍禁忌，油类制剂不能静脉注射。

（7）注射对组织有强烈刺激的药物，应防药液外溢而导致组织坏死。

（8）输液过程中，要注意观察犬、猫的表现，如有骚动、出汗、气喘、肌肉震颤，犬发生皮肤丘疹、眼睑和唇部水肿等征象时，应及时停止注射。当发现输入液体突然过慢或停止以及注射局部明显肿胀时，应检查回血，如针头已滑出血管外，则应重新刺入。

（9）静脉注射时，首先宜从末端血管开始，以防再次注射时发生困难。

（10）如注射速度过快，药液温度过低，则可能产生副作用。同时，有些药物可能会引起过敏。

（11）对极其衰弱或心机能障碍的犬、猫静脉注射时，尤应注意输液反应，对心肺机能不全者，应防止肺水肿的发生。

7. 静脉输液故障及排除方法

（1）溶液不滴。

①针头滑出血管外，液体注入皮下组织，局部有肿胀、疼痛，应另选血管重新注射。

②针头斜面紧贴血管壁，液体滴入受阻，可调整针头位置或适当变换肢体位置。

③针头阻塞，折叠夹紧滴管下段输液管，同时挤压近针头处输液管，若感觉有阻力，且无回血，表明针头阻塞，应更换针头重新注射。

④压力过低，因犬、猫外周循环不良或输液瓶位置过低所致，可提高输液瓶位置。

⑤静脉痉挛，用热水袋或热毛巾敷于注射部上端，可解除静脉痉挛。

（2）静脉注射时药液外漏的处理。

①立即用注射器抽出外漏的药液。

②如系等渗溶液（如生理盐水或等渗葡萄糖溶液），一般很快会自然吸收。

③如系高渗盐溶液，则应向肿胀局部及其周围注入适量的灭菌注射用水，以稀释之。

④如系刺激性强或有腐蚀性的药液，则应向其周围组织内注入生理盐水，如系氯化钙液，可注入 10％硫酸钠或 10％硫代硫酸钠 10～20mL，使氯化钙变为无刺激性的硫酸钙和氯化钠。

⑤局部可用 5％～10％硫酸镁温敷，以缓解疼痛。

⑥如系大量药液外漏，应做早期切开，并用高渗硫酸镁溶液引流。

（五）气管内注射

气管内注射是将药液注入气管内，使药物直接作用于气管黏膜的注射方法。

1. 应用　临床上常将抗生素注入气管内治疗支气管炎和肺炎；也可用于肺的驱虫。

2. 部位　一般在颈部上 1/3 下界处，腹侧面正中，第四与第五两个气管软骨环之间进行注射。

3. 方法

（1）犬、猫侧卧或站立保定，固定其头部，充分伸展颈部，使前躯稍高于后躯，局部剪毛消毒。

（2）术者持连接针头的注射器，另一只手握住气管，于两个气管软骨环之间，垂直刺入气管内 0.5～1.0cm，此时摆动针头，感觉前端空虚，再缓缓注入药液。注完后拔出针头，涂擦碘酊消毒（图 4-15）。

4. 注意事项

（1）注射前宜将药液加温至与犬、猫同温，以减轻刺激。

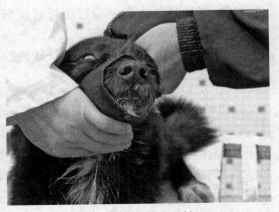

图 4-15　气管内注射

（2）注射过程如遇犬、猫咳嗽，则应暂停注射，待其安静后再注入。

（3）注射速度不宜过快，最好一滴一滴地注入，以免刺激犬、猫气管黏膜，咳出药液。

（4）如病犬、猫咳嗽剧烈，或为了防止注射诱发咳嗽，可先注射2‰盐酸普鲁卡因溶液1～2mL后，降低气管的敏感性，再注入药液。

（5）注射药液量不宜过多，犬一般1～1.5mL，猫一般0.5～1.0mL。量过大时，易导致其气管阻塞，进而导致呼吸困难。

（六）胸腔内注射

胸腔内注射也称胸膜腔内注射，是将药液或气体注入胸膜腔内的注射方法。

1. 应用

（1）胸膜腔内注射药液，适用于治疗胸膜的炎症。

（2）抽出胸膜腔内的渗出液或漏出液做实验室诊断，同时注入消炎药或洗涤药液。

（3）气胸疗法时向胸腔内注入空气以压缩肺。

2. 部位　犬、猫在右侧第6肋间或左侧第7肋间，与肩关节水平线相交点下方2～3cm，即胸外静脉上方2cm沿肋骨前缘刺入。

3. 准备　注射器材需要6～8号针头，连接于相应的针管上。为排除胸腔内的积液或洗涤胸腔，通常要使用套管针。一般根据犬、猫的大小或治疗目的选用器材。

4. 方法

（1）宠物站立保定，术部剪毛消毒。

（2）术者左手将穿刺部位皮肤稍向前方移动1～2cm；右手持连接针头的注射器，沿肋骨前缘垂直刺入，深度为1～2cm，可依据宠物个体大小及营养程度确定。

（3）注入药液。刺入注射针时，一定注意不要损伤胸腔内的脏器，注入的药液温度应与体温相近。在排除胸腔积液、注入药液或气体时，必须缓慢进行，并且要密切注意病犬、猫的反应和变化。

（4）注入药液后，拔出针头，使局部皮肤复位，进行消毒处理（图4-16）。

5. 注意事项

（1）刺针时，针头应靠近肋骨前缘刺入，以免刺伤肋间血管或神经。

（2）刺入胸腔后应立即闭合好针头胶管，以防空气窜入胸腔形成气胸。

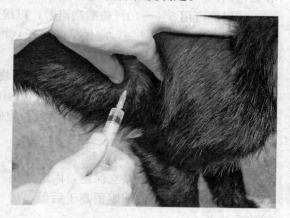

图4-16　胸腔内注射

（3）必须在确定针头刺入胸腔内后，才可以注入药液。

（七）腹腔注射法

腹腔注射法系将药液注入腹膜腔内，适用于腹腔内疾病的治疗和通过腹腔补液（尤其在犬、猫脱水或血液循环障碍，采用静脉注射较困难时更为实用）。

1. 犬的腹腔注射

（1）部位。在脐和耻骨前缘连线的中间点，腹中线旁。

（2）方法。注射前，先使犬前躯侧卧，后躯仰卧，将两前肢系在一起，两后肢分别向后外方转位，充分暴露注射部位，要保定好犬的头部，术部剪毛、消毒。注射时，一手捏起皮肤，另一手持注射针头垂直刺入皮肤、腹肌及腹膜，当针头刺破腹膜进入腹腔时，立刻感觉没有了阻力，有落空感。若针头内无血液流出，也无脏器内容物溢出，并且注入灭菌生理盐水无阻力时，说明刺入正确，此时可连接注射器，进行注射（图4-17）。

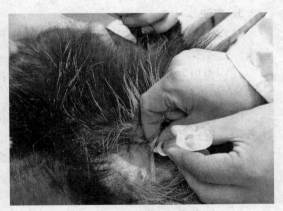

图4-17　腹腔内注射

2. 猫的腹腔注射

（1）部位。耻骨前缘2～4cm腹中线侧旁。

（2）方法。同犬。

3. 注意事项

（1）所注药液预温到与犬、猫体温相近。

（2）所注药液应为等渗溶液，最好选用生理盐水或林格氏液。

（3）有刺激性的药物不宜腹腔注射。

（八）关节内注射

关节内注射是将药液直接注入关节腔的方法。一般临床治疗的关节主要有膝关节、跗关节、肩关节、枕寰关节和腰荐结合部等。虽然各关节形态不一，但各关节都具有基本的解剖结构，即关节面、关节软骨、关节囊；关节腔内有关节液，并附有血管、神经，大多数关节还附有韧带。

1. 应用　本法主要用于关节腔炎症、关节腔积液等疾病的治疗。

2. 准备　5～10mL注射器、针头、3％～5％碘酊、75％酒精、毛剪等。

3. 方法　局部常规消毒。将犬、猫保定确实后，左手拇指与食指固定注射局部，右手持针头呈45°～90°角依次刺透皮肤和关节囊，到达关节腔后，轻轻抽动注射器内芯，若在关节腔内，即可见少量黏稠和有光滑感的液体，一般先抽部分关节液（视关节液多少而定），然后再注射药液，注射完毕，快速拔出针头，术部消毒。

4. 注意事项

（1）穿刺器械及手术操作均需严格消毒，以防无菌的关节腔继发感染。

（2）注射前，必须了解所要注射关节的形态、构造，以免损伤其他组织（血管、神经或韧带）。

（3）注射药液不宜过多，一般为5～10mL。

（4）动作要轻柔，避免损伤关节软骨。

（5）关节内注射不宜频繁重复进行，必要时间隔1～2d为宜，最多连续1周左右。

（九）乳房内注射

乳房内注射指经导乳管将药液注入乳池的注射方法。

1. 应用　主要用于治疗乳房炎。

2. 准备　导乳针、5～10mL注射器或输液瓶、乳房送风器及药品。宠物站立保定。挤净乳汁，清洗乳房并拭干，用70％酒精对乳头进行消毒。

111

3. 方法

（1）用左手将乳头握于掌内，轻轻向下拉，右手持消毒的导乳针，自乳头口徐徐插入。

（2）再以左手把握乳头及导乳针，右手持注射器与导乳针连接（或将输液器与导乳针连接），然后徐徐注入药液。

（3）注射完毕，拔出导乳针，以左手拇指与食指捏闭乳头开口，防止药液外流。并按摩乳房，促进药液充分扩散。

（4）如为了洗涤乳房注入药液时，将洗涤药剂注入后，随后即可挤出，反复数次，直至挤出液体透明为止，最后注入抗生素溶液。

4. 注意事项

（1）导乳针前端在使用前必须涂布消毒的润滑油。如使用针头，尖端一定要磨光滑，以防损伤乳头管黏膜。

（2）注入药液一般以抗生素溶液为主，洗涤药液多用 0.1％雷佛奴耳溶液、生理盐水及低浓度青霉素溶液等。

任务三　液体疗法

◆ **目的要求**

　　掌握液体疗法目的、方法，能针对具体情况采取合理的液体疗法。

◆ **学习场所**

　　宠物疾病临床诊断实训中心或宠物医院门诊。

学习素材

一、液体疗法的目的与方式

1. 液体疗法的目的

体液是动物机体与外界环境相互交流的媒体，更是动物体内组织细胞浸浴的内环境，它参与营养物质的消化、吸收、利用，为组织细胞运送营养物质、提供正常生活环境及运走代谢产物与有害物质。因此，体液的平衡对于动物机体的正常生活乃至生活质量，甚至疾病的发生与发展均具有重要的作用。

通常液体疗法的目的为补充脱水、维持正常水合作用、补充必要的电解质和营养、作为某些静注药物运输工具。除了用于急救治疗，还用于危重病例。

2. 液体疗法的方式

一般来说，补液的方式有以下几种：口服、皮下、腹膜内输液、静脉输液、骨髓输液。后两种常用于危重病例，因为这两种补液方法可以更直接地使药液进入血管内。提供液体的方式经常影响最后的治疗结果。

在犬、猫临床病例中，绝大多数会出现脱水和酸碱平衡的紊乱，特别是呕吐、腹泻、绝食、绝水的犬、猫，均存在不同程度的内环境紊乱。临床治疗上就要着手纠正脱水和酸碱平衡的紊乱，或防止其发生、发展，我们把这种临床上的针对体液紊乱而进行的输液治疗，称为补液疗法。补液疗法虽然一般不是特异性治疗方法，但若与特异性治疗方法协同作用，便会获得良好的疗效，使患病宠物转危为安，且有时补液疗法也是一种特异性的治疗方法。

要想正确地进行补液治疗，必须熟知机体内环境有关的基础知识，精通与补液有关的基本理论，通晓缺水与酸碱平衡紊乱程度的判定办法，掌握各种补液药品性能、要求，才能实现预期的目的——正确纠正水盐代谢与酸碱平衡的紊乱。

二、补液疗法的机制

（一）体液的种类及其组成

正常犬、猫的体液量约占体重的 60%。体液以细胞膜为界而分成占体重 40% 的细胞内液（ICF）和占体重 20% 的细胞外液（ECF），细胞外液又根据其存在的位置而分成占体重 5% 的血浆和占体重 15% 的组织液。细胞内液的主要成分是钾离子、磷酸氢根离子和蛋白质，细胞外液的主要成分是氯离子、钠离子。细胞内液和细胞外液的渗透压是相等的，但离子浓度以细胞内液为高，这种差异是由于细胞膜的离子渗透性和主动转运所致。

细胞外液中血浆和组织液的差别在于蛋白质，这是由于蛋白质不能通过血管壁的道南氏膜所致。这种差别在体循环上的意义是，在毛细血管区漏出的水分和晶体，经组织循环后，依靠这种蛋白质的渗透压再回到血液中。体液各种物质的组成详见表 4-1。

表 4-1　体液各组分的物质组成

组　分	血浆	组织液	细胞内液
蛋白质	16	2	74
钠离子	142	138	14
钾离子	5	5	157
氯离子	103	108	—
镁离子	3	3	26
钙离子	5	5	—
碳酸氢根离子	27	27	10
磷酸氢根离子	2	1	110
硫酸根离子	1	1	1
有机酸根	6	6	—

（二）机体维持体液的量、渗透压和 pH 的机制

1. 体液渗透压平衡的调节机制　当宠物摄入食盐过多或绝水而使渗透压升高时，则刺激下丘脑垂体后叶，分泌抗利尿激素（ADH），ADH 使肾集合管水分量重吸收增加，从而降低体液的渗透压。同时，体液渗透压升高又刺激渴中枢，增加机体的摄水来维持液

113

体透压的正常。若渗透压降低时，则出现相反的反应。细胞内、外液间存在渗透压的差异时，通过水分的转移来达到平衡（图 4-18）。

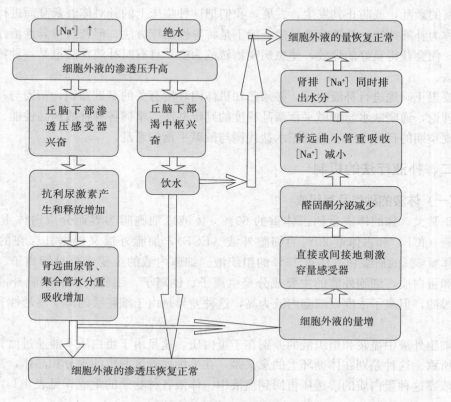

图 4-18　体液渗透压及体液量调节机制

2. 体液量平衡的调节机制　体液的量是依靠体液和神经来调节的。主要是由细胞外液的钠离子来控制的，因为钠离子的增减会引起渗透压的升降，因此，通过渗透压机制来调节水分分量的增减，从而调整了体液的量。血浆的量依靠血浆胶体（蛋白质）渗透压来维持。另外，机体内存在着压力感受器（容量感受器），如肾小球旁系、左心房、窦房节及颈静脉窦等处，通过压力感受器的神经传递来控制体液量的恒定。当体液容量下降及血压降低时，肾小球血管的血压相应下降，可刺激球旁系细胞分泌肾素，促进醛固酮的分泌增加，肾远曲尿管重吸收钠离子和水分增加，使体液量恢复正常，血压回升（图 4-19）。

3. 体液 pH 平衡的调节机制　体液的 pH 一般维持在 7.24～7.54，pH6.8 及 7.8 为其极限值。因为在极限值以外，体内的酶系统不能正常工作，各种代谢、化学反应及生物电传导将不能正常进行。体液 pH 是通过体液中的各种缓冲物质（碳酸盐缓冲系、磷酸盐缓冲系、血浆蛋白缓冲系及血红蛋白缓冲系）来进行缓冲调节的，以使之变化达到最小。同时，机体还通过肾排泄氢离子和重吸收碳酸氢根离子以及肺排出二氧化碳来进行调节。也就是说经体液缓冲，肺、肾调节来完成。

体液中的缓冲体系包括：

血液中：$NaHCO_3/H_2CO_3$，Na_2HPO_4/NaH_2PO_4，$Na\text{-}Pr/H\text{-}Pr$。

红细胞中：KHb/HHb，$KHbO_2/HHbO_2$，$KHCO_3/H_2CO_3$，K_2HPO_4/KH_2PO_4。

肺：呼出二氧化碳来调节碳酸浓度 $H_2CO_3 = H_2O + CO_2$。当酸增加时，二氧化碳分压升高，刺激呼吸中枢，使呼吸频率和深度增加，呼出更多的二氧化碳。

肾：肾小管通过泌氢保钠（H^+-Na^+ 交换），酸增加时排酸增多，从而使尿液呈酸性。泌氨和铵盐的排泄，远曲小管细胞通过分泌氨的作用，使氨（NH_3）与肾小管上皮细胞分泌的氢离子结合成铵（NH_4^+）以置换 Na^+。NH_3 的主要来源是谷氨酸和谷氨酰胺。肾小管上皮细胞内的碳酸酐酶的作用十分重要，它使二氧化碳和水结合成碳酸，再由碳

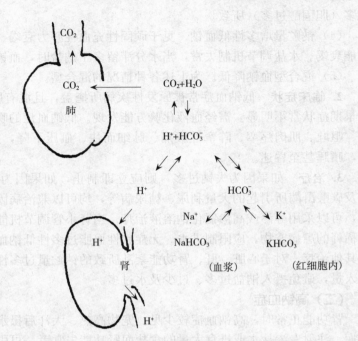

图 4-19　体液酸碱平衡调节的主要缓冲系统及酸中毒时肺、肾的调节作用

酸分解成氢离子和碳酸根离子，氢离子再发挥平衡酸的作用。

在肾重吸收钠离子的同时，要以排泄钾离子为代价。因此，也就存在氢离子和钾离子竞争排泄的问题。因此，当存在酸中毒时，将导致钾离子的堆积，造成高血钾症，而在纠正酸中毒时，也应考虑到补充钾离子。

三、体液电解质的紊乱

临床上主要的电解质紊乱包括低钠血症、高钠血症、低钾血症和高钾血症。

（一）低钠血症

1. 病因与分类

（1）钠减少性低钠血症。失钠性低钠血症有以下几种。尿路失钠：主要见于肾上腺皮质机能减退、失盐性肾炎、急性肾小管性肾病利尿期（恢复期）、汞剂等过度利尿、发展性糖尿病、碳酸酐酶抑制剂治疗等。胃肠道失钠：见于腹泻、呕吐、过度阳离子交换树脂治疗、胆管胰管瘘、胃肠道引流、未控制的回肠造瘘术等。皮肤失钠：大汗后饮水过多、皮肤烧伤后失钠。各种渗出液和漏出液中失钠：如肝硬化腹水期大量放出腹水而致钠的丢失。

（2）渗透压降低性低钠血症。主要见于慢性疾病。

（3）钠贮量正常性低钠血症。

①水中毒少尿或无尿的患病宠物，给予其大量饮用水，致使钠离子被稀释而浓度降低，发生低钠血症。主要见于急性肾小管性肾病尿闭期、尿道梗塞、慢性肾炎末期、大量给水引起水中毒。手术和麻醉后宠物排水能力降低，而术后又投给大量的水，也可以引起水中毒。长期注射垂体后叶素的宠物也可以出现水中毒。

②无症状血脂过多性低钠血症见于糖尿病及其昏迷、肾变性期，血钠过低是由于血脂

115

过多（胆固醇过多）所致。

（4）钠贮量增多性低血钠。见于顽固性充血性心力衰竭、晚期肝硬化、肾变性期后肾功能衰竭、水盐调节机制失常，当水分滞留多于钠盐时，血钠降低。

（5）混合型血钠降低。为上述各种情况的混合型。

2. 临床症状 低钠血症常被原发性疾病所掩盖，且混有脱水、水肿、酸碱平衡紊乱，故早期症状常不明显。需经血液化验方能发现。低钠血症的晚期患病宠物表现为无力、厌食、呕吐、肌肉痉挛、阵挛性腹痛、脉细而快、血压下降，严重的患病宠物虚脱甚至休克，嗜睡甚至昏迷。

3. 治疗 如果因为失钠过多，则应立即制止，如果因为胃肠感染所致的腹泻、汞制剂及碳酸酐酶所引起的大量利尿、糖尿病等，均可以兼治病因。失钠过多的患犬均伴有脱水，可以采用等渗或高渗氯化钠溶液治疗。当肾小管调节机能低下、手术后入水过多而体液稀释的患病宠物，应限制进水。无症状性血脂过多性低钠血症应进行对因治疗，无须进行其他治疗。对于心脏、肝、肾功能紊乱所致的钠贮量过多性低钠血症，应调节水及盐的摄入量，避免摄入钠盐过多、过少及水过多。

（二）高钠血症

肾功能正常时，高钠血症较少见。宠物高热、大汗后摄水不足，可出现暂时性的高钠血症。注射专渗盐水或进食大量的食盐而肾功能失常者，可引起高钠血症，但更易引起水肿，故钠贮量虽然多而其浓度未必过高。

（三）低钾血症

1. 病因与分类

（1）失钾过多性低血钾症。

①尿路失钾过多。注射肾上腺皮质激素类如醛固酮、可的松及其衍生物类、促肾上腺皮质激素等药物，汞制剂利尿后，投给碳酸酐酶抑制剂，急性肾小管性肾病利尿期。慢性肾炎、肾盂肾炎的患病宠物肾小管机能严重损伤时，有大量的失水与失钾。

②消化道失钾过多。呕吐、腹泻、胃肠灌洗、引流、瘘管、阳离子交换树脂治疗等情况出现。

③其他活体透析治疗、缺氧、饥饿、失水与碱中毒等。

（2）钾贮量正常性低血钾症。由于摄入的水过多、注射过多的不含钾离子的生理盐水、葡萄糖水稀释而使钾离子浓度降低。常见于少尿和无尿的病例，如急性肾小管性肾病、肾上腺皮质机能减退、肝硬化腹水期或心力衰竭（注射葡萄糖后钾离子常随糖进入细胞内而引起低血钾症，生理盐水也可以使钾离子排出增多与进入细胞增多而促成低血钾症）。

（3）细胞外转入细胞内所引起的低血钾症。常见于下列情况：糖代谢过程中，钾离子随葡萄糖及磷酸基由细胞外进入细胞内，细胞内的葡萄糖酵解时钾离子也由细胞外进入细胞内；蛋白质代谢呈正平衡时（幼犬生长、细胞修补、注射睾酮后）钾离子也由细胞外进入细胞内，可以使血钾降低；失水时细胞内钾逸出，恢复时又进入细胞内；酸中毒时，钾离子进入细胞内，碱中毒时则相反。

2. 临床表现 低血钾症为综合征的一种表现，故初期表现不明显，常需要通过血液化验测定或心电图检查后方能诊断。临床常见的症状有：

神经肌肉系统：全身肌肉无力，肌肉张力降低，尤其是四肢呈不同程度的迟缓性瘫

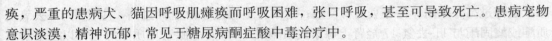

痪，严重的患病犬、猫因呼吸肌瘫痪而呼吸困难，张口呼吸，甚至可导致死亡。患病宠物意识淡漠，精神沉郁，常见于糖尿病酮症酸中毒治疗中。

循环系统：心搏过早、心动过速、心房纤颤、心脏浊音区增大。心电图变化为 QT 间期延长，T 波后出现 U 波；T 波倒置或平坦。

胃肠系统：除原发性疾患外，有麻痹性肠梗阻、疝痛及腹部膨隆。

泌尿系统：由于尿中失钾过多所引起的低钾血症，常有多尿症，尿相对密度低或正常，患病宠物常因渴而多饮水。血测定值常低于 3.5mmol/L，有时低氯性碱中毒同时出现。

3. 治疗　本病的治疗原则需视发病机制而定，如因注射过多无钾溶液所致，则应限制入水量。如因钾由细胞外转入细胞内而发生者，除纠正酸中毒、投给钾盐治疗外，无需特殊治疗。失钾性低血钾症时，应对因治疗，如停止使用汞制剂、碳酸酐酶抑制剂、肾上腺皮质激素等药物，控制糖尿病及其昏迷，治疗引起呕吐、腹泻的各种疾患等，同时还需要补足所失钾。口服或皮下注射 1.4% 的氯化钾，与等量的生理盐水同用。有严重的呕吐、腹泻、吸收困难时；血钾低于 2mmol/L 且病情紧急时；洋地黄中毒有心律不齐的表现时；舒张期血压过低时；低氯低钾性碱中毒时均可以采取静脉补钾，但应注意钾液的浓度和速度（详见补液要领部分）。

（四）高血钾症

1. 病因与分类　钾摄入过多。严重失水时，排尿量减少或肾功能失常时，投给含钾的药物均可以引起高血钾，特别是心脏及肾功能失常时。肾排出过少。严重失钠而存在肾前性氮质血症、急性肾小管性肾病（尿闭期）及肾炎晚期肾功能衰竭、肾上腺皮质机能减退等。钾由细胞内逸出。见于大量溶血反应，如溶血性贫血及输血反应兼有严重肾功能损伤而钾离子排出困难的患病宠物。细胞外液减少而钾离子浓缩，如休克晚期。上述引起高血钾的因素常可以同时存在。

2. 临床症状

（1）神经肌肉系统。四肢苍白、冷湿、疼痛，这是由于血管收缩所致。患病宠物有的迟钝、嗜睡、极度疲乏、软弱、肌肉张力低下、反射消失。

（2）循环系统。出现心动过缓、心律不齐，因心脏舒张停止而死亡。死亡前出现心室性心动过速及心室性纤颤，终止于心室停顿。

（3）消化系统。呕吐、恶心。血钾值高于 5.5mmol/L。致死性血钾浓度为 10～10.5mmol/L。

3. 治疗

（1）急救措施。使血钾恢复正常且防止心机能失常可以采取如下措施。静脉注射钠盐、钙盐：如注射 10%～20% 葡萄糖酸钙 10～20mL、等渗或高渗氯化钠溶液，可以使血钾暂时性降低。葡萄糖水及胰岛素疗法：应用静脉注射葡萄糖 25～30g，皮下注射胰岛素 10～30IU，每 4h 一次，对于无尿性肾衰竭更有益处。皮下注射硫酸阿托品 0.5mg，可以使窦性心脏停搏及传导阻滞减轻或制止。

（2）排出体内过多的钾，停止应用含钾药物或投给低钾饮食。排钾措施：可以通过人造肾透析法、腹膜腔灌洗法、大肠灌洗法、羧酸铵阳离子交换树脂口服法、灌肠、注射无钾水溶液或生理盐水，不仅可以使失水和失钠恢复，降低钾离子浓度（由于稀释，钾随糖进入细胞内及从尿中排钾增加）且对于体循环颇有帮助，故在治疗因严重腹泻而引起的失水及血钾过高、尿闭、循环衰竭有良效；对于肾上腺危象时血钾过高，应使用 11-去氧皮质酮或醛固酮与 11-去氢-17 羟肾上腺素皮质酮或 17-羟肾上腺素皮质酮等，可以使电解质紊乱恢复正常。

四、体液酸碱平衡的紊乱

（一）体内酸、碱物质的来源

1. 体内酸性物质的来源 糖、脂肪、蛋白质代谢：经生物氧化产生的二氧化碳，与水结合成碳酸，经过肺排泄。

含硫氨基酸代谢：氧化生成硫酸，经过肾排泄。

脂肪酸代谢：在肝经过氧化生成酮体-乙酰乙酸、β-羟丁酸（二者转化为乙酰辅酶A）、丙酮。

核酸、蛋白质、磷脂代谢：分解产生的磷酸。

糖代谢的中间产物：乳酸、丙酮酸，经过氧化生成二氧化碳和水。

食入的酸性物质：如醋酸。

酸性药物：止咳糖浆中的氯化铵，分解可以产酸。

2. 体内碱性物质的来源 主要是食入的蔬菜、瓜果中的碱性成分。其中含有有机酸钾盐或钠盐，如乳酸钠、钾等，本身是一种弱碱性物质，进入体内分解后，有机酸与氢离子结合生成乳酸，在体内继续氧化成二氧化碳和水而排出体外，或在肝合成糖原贮存，结果使血液中的氢离子浓度降低。而与有机酸结合的钾、钠离子则与碳酸氢根离子结合，提示了血液中碳酸氢根离子浓度的增加，从而增加了血液的碱性。临床上常用乳酸钠制剂调整体内的酸中毒，但这种作用必须在肝功能良好时进行，当肝功能衰竭或组织缺氧时则受到影响。

（二）酸中毒

1. 病理分类与病因

（1）代谢性酸中毒。是最常见、最重要的。临床上常见以下几种：

①糖尿病性酮症。严重糖尿病患病宠物糖代谢紊乱未得到控制，体内脂肪分解加速，在肝中产生大量的酮体及酮酸，经肾排泄，并与 Na^+、K^+ 等碱性离子结合而排出，引起碱贮降低，HCO_3^- 显著减少。虽然 H_2CO_3 分解成 CO_2 呼出，但未能代偿。同时，因为糖尿病引起严重失水及电解质流失，且呕吐、食欲不振、循环衰竭、肾功能受损而加重酸中毒。

②肾功能衰竭。当肾炎、肾盂肾炎、重度肾结核、肾小动脉硬化等肾疾病发展到肾功能严重衰竭时，代谢性酸性产物（H_2SO_4、H_3PO_4、NaH_2PO_4、β-羟丁酸）等均因排泄困难而滞留体内，加以肾小管回收 Na^+、K^+ 困难，氨的制造能力降低，故 Na^+、K^+、Ca^{2+} 不得不与固定酸结合而排出，使 HCO_3^- 显著减少，虽然早期通过呼出 CO_2 而减少 H_2CO_3 来加以代偿，但终因 HCO_3^- 减少更多而失代偿，加之尿毒症发生后宠物食欲不振、呕吐而出现代谢性酸中毒。

③肾小管功能衰竭（肾小管性酸中毒）。当肾小球功能正常而肾小管功能严重损伤时，酸化尿的能力降低，尿中有较多的 Na^+、K^+、Ca^{2+} 损失。这是由于肾小管制造 H^+、HCO_3^- 的能力降低，故 H^+ 不能在肾小管内与 Na^+、K^+、Ca^{2+} 交换，引起血液中 H_2CO_3 浓度升高。

④高钾进食。摄钾过高导致肾小管的 H^+ 与 Na^+ 的交换被抑制而仅排出 K^+，故发生酸中毒，这时尿酸度降低而血浆酸度增高。

⑤饥饿。饥饿时酮体形成增多，发生酸中毒。

⑥乙醚等麻醉时导致缺氧和乳酸蓄积而出现酸中毒，后期出现酮症。

⑦失水。如在腹泻时大量的碱和水分同时损失。

⑧摄入氯化铵等酸性物质。如在治疗过程中使用过多的氯化铵、水杨酸、盐酸、磷酸盐等，常引起酸中毒。

⑨妊娠。妊娠晚期可能发生缺碱性代偿性酸中毒。

（2）呼吸性酸中毒。主要由于 CO_2 呼出有困难而引起 H_2CO_3 浓度升高。常见的疾病有肺炎、肺气肿、肺部广泛性纤维化、肺不张、气胸、呼吸道机械性阻塞、心力衰竭及肺充血、吗啡中毒等。

2. 临床症状与诊断 除非是大量进食酸性物质，一般均由继发引起。轻症患犬无临床表现，重症宠物则表现为四肢无力、走路摇晃，呼吸深而快，有时带酮味，脉速，最后昏迷、僵硬乃至死亡。常伴有脱水症状，甚至出现循环衰竭和休克。尿量极少甚至尿闭。

3. 治疗 治疗原则是除恢复体液中水、酸、碱和电解质平衡外，还需要控制病因。如果是因为高热食欲不振、呕吐、腹泻所引起，则应针对病原体进行有效的治疗（抗菌疗法），如因为糖尿病所致，则应迅速使用胰岛素进行治疗。失水失血过多所致的患病宠物，应输血或血浆及生理盐水。长期饥饿或酸中毒所致血钾增高者，常需要补充葡萄糖，葡萄糖可以抑制机体自身蛋白质和脂肪的分解而补足热量。严重酸中毒时应同时使用碱制剂，如 $NaHCO_3$ 或乳酸钠。进行上述治疗后应随时注意钾代谢的紊乱，必要时补充 KCl。但血钾过高或过低均可以导致心律严重紊乱而突然死亡，故应及时测定其浓度及进行心电图监测，以决定给钾与否，困难时可以在补充生理盐水和葡萄糖 6～8h 后再给 KCl。呼吸性酸中毒可以针对肺部换气困难给予足够的氧气。

（三）碱中毒

1. 病因与病理生理

（1）代谢性碱中毒。临床上常见的有以下几种。

①失盐酸过多。主要见于幽门梗阻及前段小肠梗阻而引起频繁呕吐的病例。由于 Cl^- 损失，Na^+ 及 K^+ 与 HCO_3^- 结合而使碱贮含量增高。

②摄碱太多。治疗胃溃疡等疾病时摄入 $NaHCO_3$ 过多而引起碱中毒。

③低钾低氯性碱中毒。投给 ACTH、氢化可的松等药物，部分患犬可因为失钾过多伴有大量失氯，K^+ 和 Cl^- 的血浓度降低，K^+ 从细胞内到细胞外，Cl^- 被 HCO_3^- 所取代，HCO_3^- 增高，形成低钾低氯性碱中毒。也可以在腹泻及呕吐后补给缺钾液体（如葡萄糖及氯化铵）可以引起细胞内、外 K^+ 的丧失而出现低钾低氯性碱中毒。

④有的患病宠物在接受 X 射线照射及紫外线照射后也会出现碱中毒。

（2）呼吸性碱中毒。可因过度呼吸而致体内 CO_2 损失过多出现。常见于：

①发热。尤其是肺炎等呼吸道感染的患病宠物存在过度呼吸，引起碱中毒。

②热射病。在高温环境下导致热射病时可以出现缺 $NaHCO_3$ 性碱中毒。

③脑炎。有的脑炎患病宠物因兴奋而过度呼吸，导致呼吸性碱中毒。

④药物。投给大量水杨酸钠，可刺激呼吸中枢，导致换气过度而引起碱中毒。应用醋

酸水杨酸钠时又可以导致代谢性酸中毒。

2. 临床症状与诊断 主要为引起碱中毒的基本疾病的症状。碱中毒严重时，宠物可出现抽搐，为游离 Ca^{2+} 降低所致。

3. 治疗 一是针对病因进行彻底治疗，如为梗阻所致，则应进行手术治疗，同时纠正体液的酸碱平衡及电解质平衡的紊乱。轻症患病宠物应用生理盐水和葡萄糖可以帮助其恢复，重症患病宠物应使用氯化铵注射，并根据情况进行 K^+ 紊乱的纠正。

呼吸性碱中毒时，可以针对病因进行治疗，必要时用 5% 的 CO_2 与氧气的混合气体呼吸，以解除抽搐症状。

五、宠物补液的要领

（一）宠物临床需要补液的疾患

水、电解质的缺乏——脱水；循环血浆量减少；血浆胶体渗透压下降；血浆钾离子浓度升高；酸碱平衡紊乱；必须补充能量；补充营养物质。

（二）宠物的脱水症

宠物的临床脱水依血浆渗透压的改变可以分为等渗性脱水、低渗性脱水和高渗性脱水。依水或钠的缺乏与否分为缺水性脱水（高渗性）、混合性脱水（等渗性）和钠缺乏性脱水（低渗性）。各种脱水的病因、发病机制、主要症状和补液要领详见表 4-2。

表 4-2　脱水症一览表

脱水类型	水缺乏（高渗）性脱水	混合（等渗）性脱水	钠缺乏（低渗）性脱水
病因	绝水、饮水困难、水盐缺乏而仅投给盐、手术后补液不当	消化液丧失、呕吐、腹泻	治疗重度腹泻时仅投给葡萄糖、大汗及发热后大量饮水、投给利尿药物、皮下注射大量的葡萄糖
发病机制	水和钠均减少，但以水的缺乏尤为显著	水和钠同时减少	钠的丧失超过水的丧失
主要症状	口渴、眼球凹陷、水吸收迅速、多死于渗透压升高、尿量减少和浓缩、舌干燥	全身衰弱、皮肤弹性降低、血压下降、尿量减少	精神沉郁、血浆量少而黏度高、皮肤弹性降低、呕吐、浅表静脉虚脱、痉挛、BUN 升高、血压降低、体温下降、频尿、尿中氯化钠含量升高、血浆量少而黏度高、Na^+ 浓度升高、死于末梢循环不全
补液要领	生理盐水 1 份，5%～10% 葡萄糖 2～3 份，$NaHCO_3$ 1～2mL/kg，15% KCl 20mL/L，6～10mL/（kg·h），点滴		首先投给生理盐水，然后按：生理盐水 1 份，5%～10% 葡萄糖 1 份，6～10mL/（kg·h），点滴

1. 脱水的基本原因 由于全身性疾病导致渴中枢被抑制而出现水分摄取减少（渴感低下症、无饮欲）或限制饮水，由于故意限制投给食物或因事故而摄食量减少。多尿导致水分丧失增加。呕吐、腹泻等消化道疾患导致水分丧失增加。由于呼吸数增多（如发热、运动）而使水分丧失增加。由于伤口过大或烧伤而导致水分过度丢失。

2. 脱水的诊断

（1）询问病史，正确评价脱水及其程度。可以通过询问宠物主人患病宠物的摄食量，

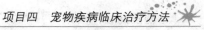

包括有无饮欲、是否渴感低下、是否多饮及摄取正常量的水等。是否有食欲（因为摄水往往是由于摄食刺激所致的机能性反应）。有无体液的异常丧失，应向宠物主人询问宠物有无呕吐、腹泻、多尿、黄疸、过度流涎，有无其他分泌物。临床所见到的脱水均是由这些症状长期持续存在所致。

（2）宠物体重急剧降低是由于水分持续丧失所致。如果体重减少 450g，则意味着丧失水分 500mL。

（3）脱水一般可以通过体检发现。脱水严重时则眼球下陷、黏膜干燥、频脉、毛细血管再充盈时间延长，有的处于休克状态。

（4）捏皮实验。正常皮肤的柔软性（紧张度）与被检部位的组织含水量有关。一般选择躯干部做捏皮实验，不能在皮肤松弛的颈部皮肤进行。正常皮肤稍捏起，松开后立即展平（复原），脱水的皮肤则需要一定的时间才能恢复至正常状态，且时间长短与临床脱水程度相关，宠物临床医生可以根据捏皮实验来判定脱水程度（表 4-3）。

表 4-3　通过体检判定脱水的程度

脱水程度（体重的百分比）	临 床 症 状
<4%	不见异常
4%～5%	皮肤弹性略降低
6%～8%	皮肤复原迟缓，眼球凹陷，毛细血管再充盈时间延长，可视黏膜干燥
10%～12%	皮肤不能复原，眼球凹陷，毛细血管再充盈时间延长，可视黏膜干燥，有的处于休克状态，不随意肌痉挛
12%～15%	呈休克状态，死亡

（5）脱水的实验室诊断。可以通过测定红细胞压积（PCV）、血浆蛋白（PP）、总蛋白（TP）来判定脱水程度。脱水程度与上述三项指标密切相关。

（6）尿液检查（UA）。怀疑脱水时，必须进行尿液检查。临床上脱水明显的犬、猫，若肾功能正常，则会发生尿液浓缩（SG>1.025），SG 上升与肾血液灌流量减少有关，是肾的正常反应。若脱水宠物尿液稀释（SG<1.025），则表明肾受到损害或存在其他异常，应进一步了解肾功能状况。测定尿液相对密度时，必须采集投给利尿药物之前的尿液，否则影响结果的判定。检查 pH 的变动，可以反映全身酸碱平衡的状态。糖尿和酮尿是同时存在的，这种情况几乎是特征性的。尿沉渣、尿圆柱的出现，也许是在脱水出现之前已经存在的损害，或者由于脱水之后出现的继发性反应。

（7）血清电解质 Na^+、K^+、Cl^- 浓度的异常，可作为推测脱水的类型。

（8）血液气体检查。血液气体浓度异常在脱水时经常发生，这是由于灌流量减少所致。

（三）宠物临床补液要领

1. 不同途径丧失体液的组成与输液药物的选择　患病宠物经不同途径丧失体液的量不同，丧失体液的质也不一样。因此，纠正脱水，不光要着眼于脱水的数量，更应注意到丧失体液的质量，才能够使补液更合理，效果更佳。不同途径丧失体液的组成与参考补液药物的选择如下（表 4-4）。

121

表 4-4　经各途径损失体液的组成及临床补液药物的选择（mmol/L）

液　体	呕吐物	腹泻物	第三腔隙液
钠离子	60（30～90）	115（80～150）	各种成分与血浆相同
钾离子	15（5～25）	17（5～30）	
氯离子	120（90～140）	70（40～100）	
碳酸氢根	0（0）	80（60～110）	
选择药物	林格氏液	乳酸林格、碳酸氢钠	乳酸林格

2. 宠物临床脱水液体补充量的计算　宠物临床脱水补液量的计算公式为：

补（输）液量＝每天必须水分量（维持量）＋缺乏量×1/3＋丧失量（腹泻、呕吐、乳汁、其他分泌量）－代谢水－摄取水分量

（1）每天必须水分量的计算可以通过公式计算、补偿丢失及查询表格进行。

①公式计算法。成年犬 44～66mL/（kg·d）；大型犬为 44mL/（kg·d），小型犬为 66mL/（kg·d）仔犬为 66～110mL/（kg·d）。猫为 66～110mL/（kg·d）。

②丢失补偿计算法。每天需要补充的水分量为排泄量与尿液量的总和。排泄量为 20mL/（kg·d），尿液量为 30mL/（kg·d）。

③表格查询法。可以通过表格查出不同体重的犬每天的必须水分量。详见表 4-5。

表 4-5　不同体重的犬每天必需水分量

体重（kg）	必需水分量（mL）	体重（kg）	必需水分量（mL）
1.4	80	15.0	875
2.8	160	20.5	1 000
4.0	240	25.5	1 130
5.5	320	30.5	1 250
7.0	400	35.4	1 400
9.0	475	40.2	1 500
12.2	625		

（2）缺失量的计算。缺失量可以通过查找表 4-6 来确定。

表 4-6　缺水程度判定及缺水量的计算表

脱水程度	轻度	中度	高度	重度	超度
体重减少	4%～6%	6%～8%	8%～10%	10%～12%	12%～15%
眼球凹陷程度	±	++	+++	++++	+++++
捏皮实验（s）	—	2～4	6～10	20～45	45 以上
黏膜干燥	—	+	++	+++	++++
休克痉挛	—	—	—	+	++
死亡	—	—	—	—	+
缺水量（mL/kg·d）	60	80	100	120	140
必须投给量（mL/kg·d）	20	25	30	40	50

注：必须投给量为缺水量的 1/3，捏皮实验的部位为脊背部皮肤。

（3）丧失量的计算。可以根据犬、猫主人所提供的呕吐物、腹泻便、乳汁分泌量、其他分泌物量进行推算。

（4）代谢水量。约为 4mL/（kg•d）。

（5）水分摄取量。根据宠物主人提供的饮水数量计算。

3. 犬、猫临床其他疾患的输液要领（输液药物的选择）　除脱水症这一临床常见疾患外，有酸碱平衡紊乱、钾离子含量异常及血浆胶体渗透压异常时，也需要补液。其要领简述如下：

（1）怀疑酸中毒时（呕吐、肠内容物、腹泻、尿毒症、糖尿病及其他多数情况下），应补充乳酸林格氏液。

（2）推测碱中毒（呕吐胃液、较少见）时应选用林格氏液。

（3）怀疑高钾血症（酸中毒、急性肾功能不全、摄入大量的钾）时应补充糖盐水等不含钾离子的液体。

（4）尿毒症时，纠正脱水应用 5%～10% 的葡萄糖滴至排尿，然后投给利尿药（速尿每千克体重 2～4mg，8～12h 静脉注射或口服）。

（5）肝损害时，应用葡萄糖或果糖及其他强肝药物维生素 B 10～100mg/d，谷胱甘肽 100～300mg/d 等。

六、宠物输液的途径、速度、方法

在经过上述一系列计算及选择之后，我们可以确定出输液药物及其输液剂量。那么要经什么途径及速度和方法补给方能达到最佳效果呢，下面就这一问题简单叙述：

1. 宠物补液各种途径的优缺点及禁忌证　小动物补液各途径的优缺点及禁忌证（表 4-7）。

表 4-7　小动物各途径补液的优缺点及禁忌证

投给途径	优　点	缺　点	禁　忌
口服	为补充营养的最佳途径；电解质及葡萄糖易吸收	有时困难，强灌易呕吐，易造成异物性肺炎	
皮下	可短时间大量投给；高钾液（35mmol/L）无副作用	仅用于等渗无刺激性药物，休克及末梢循环不良时助长脱水（局部聚集）	脓皮症皮肤损伤
静脉	水、电解质扩散最快；高、低渗均可；大量长时间无副作用	需控制速度；刺激性大的易致静脉炎；长时间给药需选择中心静脉	
腹腔	吸收较快	操作不当可损伤内脏；易发生腹膜炎	腹膜炎；腹水；休克
直肠	可很好地吸收水分；可少量多次投给	需等体温，等渗；无刺激性肠炎、下痢时吸收不良	

2. 输液速度（仅指静脉注射）　原则上投给速度越慢越好，但限于各方面条件，往往是在数小时内进行，但出现副作用的几率较大，且输入药物因一过性循环血量过大而经尿液排出。

健康宠物在 1h 内输入与血浆成分一致的等体液全量的液体时，也不会出现副作用。但临床上患病宠物的安全投给限量是：犬每小时为 90mL/kg，猫每小时为 65mL/kg（麻醉状态下则应缓慢：一般犬每小时不超过 50mL/kg，猫每小时不超过 20mL/kg）。

在急性出血性休克时，要快速输给与体温相同的液体。且不可投给收缩血管的药物，要选择近躯干的大血管，并用大号针头输入。10～30min 犬为 20～90mL/kg，猫为 10～60mL/kg。输液药物中加入下列物质时，下列药品需限速：

K^+，每小时小于 0.5mmol/kg。Ca^{2+}，每小时小于 0.5～0.8mmol/kg。葡萄糖，每小时小于 0.5g/kg。

3. 输液方法 脱水 8% 以上时，静脉点滴。脱水 8% 以下时，皮下注射（葡萄糖禁忌），将药品加热至等体温，从脊背顶部注入。一般情况下，全量的 1/3 经静脉投给，剩余的经皮下或隔 8h 经静脉灌注。7% 以下的脱水，可经皮下全量投给，若吸收良好，可于次日连续进行乃至数月。

七、宠物临床常用输液药物

目前，国外已有专门用于宠物的输液药物，从单方到复方，从补液药物到各种营养补液制剂应有尽有。而我们则很少有专供宠物选用的药品及剂型，仍是应用大动物的输液药物进行。现仅就我国目前常用的输液药物做以简述，详见表 4-8。

表 4-8　小动物常用输液药物的特点与缺点

输液药物	特　点	缺　点
生理盐水	渗透压与 ECF 相等，但钠离子较 ECF 高；应用于剧烈呕吐所致的低氯性碱中毒；在禁用钙、钾时使用	不能单独使用；因氯化钠含量高（900mg/dL），心脏病时禁用；快速投给易引起酸中毒（＊）；不含自由水；加重肾负担，肾浓缩不良时慎用
林格氏液	离子组成近于 ECF，但氯离子远大于 ECF；纠正代谢性酸中毒；与葡萄糖等输液药物配合使用	很少单独使用；钠离子浓度高及心脏功能障碍时慎用
乳酸林格氏液	电解质组成更接近 ECF；具备林格氏液的特点；可以单独应用于出血和休克，手术中应用可以防止产生第三腔隙液；用于低钠血症	肝负担、肝疾患时慎用；ICF 脱水时，单一制剂不能缓解 ICF 的缺乏
葡萄糖液	用于绝食的宠物。1g 可提供 16.8J 热量；5% 葡萄糖为等渗液，仅补充水分；维持血浆渗透压时的滴速为每千克体重 5～10mL；肝有炎症时可以维持血糖及控制糖异生；提供自由水分	过量投给造成细胞水肿——水中毒；高渗糖可刺激静脉造成静脉炎；末梢血管浓度限为 20%，当加入碳酸氢钠或氢化可的松时可降低刺激；pH 为 4～5；加速酸中毒；超过每小时 0.5g/kg 可造成高血糖；引起低血钾（刺激胰岛素分泌而使 ECF 的钾向 ICF 转移）
复合低渗电解质输液药物	2～4 份的 5% 葡萄糖与 1 份生理盐水合成的输液剂，有的加有乳酸钠；在脱水症状不明显时要先投给；含电解质和自由水；宠物入院时病情已经严重，应事先补充林格氏液	
胶体制剂	本品为血浆制品或血浆代用品（＊＊）适用于血浆胶体渗透压降低所致的循环血量的减少；浮肿；血浆总蛋白低于 3.5～4g/dL，且有下降趋势时	

注：＊：该代谢性酸中毒为稀释性酸中毒，快速投给使 ECF 的碳酸氢根离子浓度降低及循环血量升高，导致肾排泄碳酸氢根离子增多所致。

＊＊：国内所用的胶体制剂多为血浆代用品，如右旋糖苷、甘露醇、山梨醇等。

八、宠物体液疗法的参考用药

宠物临床主要疾患的症状和水、电解质异常及其参考用药（表 4-9）。

表4-9　小动物临床主要疾患的症状和水、电解质异常及其参考用药

疾　病	体液异常	参考药物
糖尿病性昏睡	脱水、代谢性酸中毒、低血钾、低血镁、胰岛素注射后低血糖	果糖制剂；乳酸林格氏液；碳酸氢钠注射液
尿崩症	水缺乏性脱水	生理盐水1份；5%～10%葡萄糖溶液2～3份；碳酸氢钠溶液1～2mL/kg；10%氯化钾溶液20mL/L
原发性醛固酮增多症	低血钾、低血钠、代谢性酸中毒、低血镁	林格氏液；氯化钾
肾上腺机能不全	高血钾、低血钠、代谢性酸中毒、休克	乳酸林格氏液；生理盐水；糖制剂；碳酸氢钠
心脏功能不全	浮肿、肺水肿、低血钠、呼吸性碱中毒	胶体制剂；乳酸林格氏液
急性肺炎	水缺乏性脱水（发热导致的过呼吸）、呼吸性酸中毒、低血氯	生理盐水1份；5%～10%葡萄糖溶液2～3份；碳酸氢钠1～2mL/kg；10%氯化钾20mL/L
肾功能不全	代谢性酸中毒、高血钾、高血磷、低血钙、贫血、低蛋白血症、浮肿	乳酸林格氏液；胶体制剂；葡萄糖制剂；碳酸氢钠
重剧感染	脱水症、代谢性酸中毒	生理盐水1份；5%～10%葡萄糖溶液2～3份；碳酸氢钠1～2mL/kg；10%氯化钾溶液20mL/L
急性胰腺炎	低血钙、低血镁、原发性休克、脱水、继发性休克（梗阻）	葡萄糖酸钙；林格氏液；乳酸林格氏液
肝硬化	休克、低血钾、代谢性酸中毒	氯化钾；胶体制剂；（乳酸）林格氏液
急性肠炎	脱水、低血钾、代谢性酸中毒	乳酸林格氏液；氯化钾；碳酸氢钠
烫伤、挫伤	休克、高血钾	抗休克治疗

125

任务四　输血疗法

◇ 目的要求

　　掌握输血疗法目的、方法，会针对具体情况采取合理的输血措施。

◇ 学习场所

　　宠物疾病临床诊断实训中心或宠物医院门诊。

学习素材

　　输血是一种治疗方法，它给予患病动物的是正常动物的血液或血液成分，从而达到补充血容量、改善血液循环、提高血液的携氧能力、补充血红蛋白、维持渗透压、纠正凝血机制、增加机体的抗病能力等目的。临床上常用的输血方法有全血输血和血液成分输血。

一、采血

1. 采血部位　可从前肢头静脉或后肢隐静脉采血。

2. 采血量　犬一次采血量为全血量的 1/5 以内，即每千克体重 20mL，采血间隔时间最好为 2～3 周采血一次。如果准备进行红细胞成分输血，则可在分离红细胞后，将剩余的血浆再输回给供血犬；猫每次每千克体重可采血 15mL。采血后，应输注等量的林格氏液。

3. 血液的保存　血液保存就是将一定的保存液加入血液中，以防止血液凝固，并延长红细胞及其他成分的存活期及活力。常用的抗凝剂及保存液有以下几种。

（1）3.8％～4％枸橼酸钠溶液。加入量与血液的比例是 1∶9，抗凝时间长。在无菌条件下，血液在 40℃下保存，7d 内其理化性质与生物学特性不会改变。其缺点是随同血液进入病犬、猫体内后，很快与钙离子结合，使血液的游离钙下降。因此，在大量输血后应注意补充钙制剂。

（2）10％氯化钙溶液。加入量与血液的比例是 1∶9，其具有抗凝作用是由于提高了血液中钙离子含量，制止血浆中纤维蛋白原的脱出。缺点是抗凝时间比较短，抗凝血必须在 2h 内用完。此液还能抗休克，降低病犬、猫的反应性。因此，有人认为用它作抗凝剂可以不必考虑血液是否相合而直接进行输血。

（3）10％水杨酸钠溶液。加入量与血液的比例是 1∶5，抗凝作用可保持 2d。此溶液也有抗休克作用。用于患风湿症的病犬、猫效果更好。

（4）ACD 保存液。配方为：枸橼酸 0.47g，水杨酸钠 1.33g，无水葡萄糖 3g，加注射用水至 100mL，灭菌后备用。此液的 pH 为 5.0，与血液混合后的 pH 为 7.0～7.2。每 200mL 全血加 ACD 液 50mL。此保存液既能抗凝，又能供给能量。红细胞在 ACD 保存液中，4℃保存 29d，存活率仍达 70％（血液的保存期一般是 21d）。

（5）CPD 保存液。配方为：枸橼酸钠 2.63g，枸橼酸 0.327g，磷酸钠 0.222g，葡萄糖 2.55g，加注射用水至 100mL，灭菌后备用。CPD 保存液 14mL 可保存血液 100mL。但在小动物也有用 CPD 10mL 保存血液 60mL 的。红细胞在 CPD 中的存活时间要比在 ACD 中的存活时间长，存活率也高。

4. 采血注意事项　采血所用的器械均应事先洗净灭菌后备用，操作过程中注意无菌操作。血液采集后应尽快输入。如要保存 30min 以上，则应将血瓶置于 4～6℃冰箱内。为安全起见，应输新鲜血液，或在 4℃冰箱保存不超过 7～10d 的血液。

二、血液相合试验

1. 交叉配血（凝集）试验

（1）操作步骤。

①取试管 2 支做好标记，分别由受血动物和供血动物的颈静脉各采血 5～10mL，于室温下静置或离心析出血清备用。急需时可用血浆代替血清。即先在试管内加入 4％枸橼酸钠溶液 0.5mL 或 1.0mL，再采血 4.5mL 或 9.0mL，离心取上层血浆备用。

②另取加抗凝剂的试管 2 支并标记，分别采取供血动物和受血动物血液各 1～2mL，震摇，离心沉淀（自然沉降），弃掉上层血浆；取其压积红细胞 2 滴，各加生理盐水适量，用吸管混合，离心并弃去上清液后，再加生理盐水 2mL 混悬，即成红细胞

悬液。

③取清洁、干燥载玻片 2 张，于一载玻片上加受血动物血清（血浆）2 滴，再加供血动物红细胞悬液 2 滴（主侧）；于另一载玻片上加供血动物血清（血浆）2 滴，再加受血动物红细胞悬液 2 滴（次侧）。分别用火柴梗轻轻混匀，置室温下经 15～30min 观察结果。

试验时室温以 15～18℃最为适宜；温度过低（8℃以下）可出现假凝集；温度过高（24℃以上）也会使凝集受到影响以致不出现凝集现象。观察结果的时间不要超过 30min，否则由于血清蒸发而发生假凝集现象。

（2）试验结果的判定。

①肉眼观察载玻片上主、次侧的液体均匀红染，无细胞凝集现象；显微镜下观察红细胞呈单个存在。表示配血相合，可以输血。

②肉眼观察载玻片上主、次侧或主侧红细胞凝集呈沙粒状团块，液体透明；显微镜下观察红细胞堆积一起，分不清界限，表示配血不相合，不能输血。

③如果主侧不凝集而次侧凝集时，除非在紧急情况下，最好不要输血。即使输血，输血速度也不能太快，而且要密切观察动物反应，如发生输血反应，应立即停止输血。

2. 三滴试验法　用吸管吸取 4‰枸橼酸钠溶液 1 滴，滴于清洁、干燥的载玻片上；再滴供血动物和受血动物的血液各 1 滴于抗凝剂中。用细玻璃棒搅拌均匀，观察有无凝集反应。若无凝集现象，表示血液相合，可以输血；否则表示血液不合，则不能用于输血。

3. 生物学相合试验　每次输血前，除做交叉凝集试验外，还必须进行个体生物学血液相合试验。先检查受血动物的体温、呼吸、脉搏、可视黏膜的色泽及一般状态。然后取供血动物一定量血液注入受血病犬、猫的静脉内。小动物 10～20mL。注射 10min 后若受血动物无输血反应，便可正式输入需要量的血液。若发生输血反应，如不安、脉搏和呼吸加快、呼吸困难、黏膜发绀、肌肉震颤等，即为生物学试验阳性，表明血液不合，应立即停止输血，更换供血动物。

三、输血类型

1. 全血输血　全血是指血液的全部成分，包括血细胞及血浆中的各种成分。将血液采入含有抗凝剂或保存液的容器中，不做任何加工，即为全血。

（1）全血的种类。新鲜全血血液采集后 24h 以内的全血称为新鲜全血，各种成分的有效存活率在 70％以上。

保存全血：将血液采入含有保存液容器后尽快放入 4℃±2℃冰箱内，即为保存全血。保存期根据保存液的种类而定。

（2）适应证。大出血，如急性失血、产后大出血、大手术等；体外循环；换血，如新生犬、猫溶血病、输血性急性溶血反应、药物性溶血性疾病；血液病，如再生障碍性贫血、白血病等。

（3）注意事项。

①全血中含有白细胞、血小板，可使受血动物产生特异性抗体，当再次输血时，可发生输血反应。

②全血中含有血浆，可出现发热、荨麻疹等变态反应。

③血量正常的病犬、猫，特别是老龄或幼龄犬、猫应防止出现超负荷循环。

④对烧伤、多发性外伤以及手术后体液大量丧失的病犬、猫，往往是血容量和电解质同时不足，此时最好是输血与输晶体溶液同时进行。

2. 红细胞成分输血

（1）红细胞制剂的制备。

①少浆全血。从全血中移除一部分血浆，但仍保留一部分血浆的血液，其红细胞压积为 50%～60%。

②浓缩红细胞。从全血中移除大部分血浆，仍保留少部分血浆的血液，其红细胞压积为 70%～80%。

（2）适应证。

①大出血，如急性大出血、产后出血、大手术。

②体外循环。

③换血，如新生幼犬、猫溶血病、输血性急性溶血反应、药物性溶血性疾病。

④血液病，如再生性贫血、白血病等。

⑤术前、术中、术后输血等。

⑥胃肠道慢性失血性贫血、慢性肾病性贫血等不需恢复血容量的贫血，尤其是不能承受血容量改变的病犬、猫。

（3）注意事项。红细胞制剂中含有白细胞、血小板，可以使受血动物产生特异性抗体，当再次输血时，可发生输血反应；因有血浆存在，仍可出现发热、荨麻疹等变态反应。

3. 血液代用品及其应用

（1）血浆代用品。常用的血浆代用品主要有右旋糖酐：包括右旋糖酐-70、右旋糖酐-40 及右旋糖酐-20，羟乙基淀粉（HES）；明胶衍生物：包括氧化聚明胶、改良液体明胶。

用明胶研制的各种血浆代用品，其作用基本相似，而且与右旋糖酐、羟乙基淀粉一样都属于低分子量等级的血浆代用品，具有一定的抗休克疗效，能有效改变微循环。明胶衍生物具有良好的血液相容性，即使大量输入也不影响凝血机制和纤维蛋白溶解系统，其安全性超过了右旋糖酐。

（2）红细胞代用品。

①氟碳乳剂。氟碳乳剂为化学惰性物质，性质稳定。大量试验及临床使用证明，氟碳乳剂作为血液循环中的携氧和送氧载体是有效的，也是安全的。氟碳乳剂在改善由于局部缺血引起的微循环障碍方面亦有良好的作用。

②微囊化血红蛋白。采用可生物降解的聚合物作为壳材料将血红蛋白包被在微囊内，使血红蛋白成为类似红细胞的天然状态。微囊达到了满足功能上的需要，且不出现缺氧、酸中毒及微血栓形成的征象。但这种血红蛋白微囊在血流中的存留时间很短（半衰期仅为 5h），常被吞噬细胞所清除。

四、输血途径、输血量及输血速度

1. 输血途径　可在犬、猫前、后肢选皮下明显的静脉输血。

2. 输血量　一般为其体重的 1%～2%。重复输血时，为避免输血反应，应更换供血动物，或者缩短重复输血时间，在病犬尚未形成一定的特异性抗体时输入，一般均在 3d 以内。犬，200～300mL；猫，40～60mL。

3. 输血速度　一般情况下，输血速度不宜太快。特别在输血开始，一定要慢而且先输少量，以便观察病犬、猫有无反应。如果无反应或反应轻微，则可适当加快速度。犬在开始输血的 15min 内应当慢，以 5mL/min 为度，以后可增加输血速度。猫输血的正常速度为 1～3mL/min。患心脏衰弱、肺水肿、肺充血、一般消耗性疾病（如寄生虫病）以及长期化脓性感染等时，输血速度以慢为宜。

五、输血的负反应及处理

1. 输血反应与处理

（1）发热反应。在输血期间或输血后 1～2h 体温升高 1℃ 以上并有发热症状者称为发热反应。其主要原因是由于抗凝剂或输血器械含有致热原所致。有时也因多次输血后产生血小板凝集素或白细胞凝集素所引起。动物表现为畏寒、寒战、发热、不安、心动亢进、血尿及结膜黄染等。发烧数小时后自行消失。

防治方法：主要是严格执行无热源技术与无菌技术；在每 100mL 血液中加入 2% 普鲁卡因 5mL，或氢化可的松 50mg；反应严重时应停止输血，并肌内注射盐酸哌替啶或盐酸氯丙嗪；同时给予对症治疗。

（2）过敏反应。原因尚不很明确，可能是由于输入血液中所含致敏物质，或因多次输血后体内产生过敏性抗体所致。病犬、猫表现为呼吸急促、痉挛、皮肤出现荨麻疹块等症状，甚至发生过敏性休克。

防治方法：应立即停止输血，肌内注射苯海拉明等抗组胺制剂，同时进行对症治疗。

（3）溶血反应。因输入错误血型或配合禁忌的血液所致。还可因血液在输血前处理不当，大量红细胞破坏所引起，如血液保存时间过长、温度过高或过低，使用前室温下放置时间过长或错误加入高渗、低渗药物等。病犬、猫在输血过程中突然出现不安、呼吸和脉搏频数、肌肉震颤，不时排尿、排粪，出现血红蛋白尿，可视黏膜发绀或休克。

防治方法：立即停止输血，改注生理盐水或 5%～10% 葡萄糖注射液，随后再注射 5% 碳酸氢钠注射液。并用强心利尿剂等抢救。

2. 输血注意事项

（1）输血过程中，一切操作均需按照无菌要求进行，所有器械、液体，尤其是留作保存的血液，一旦遭受污染，就应坚决废弃。

（2）采血时需注意抗凝剂的用量。采血过程中，应注意充分混匀，以免形成血凝块，在注射后造成血管栓塞。输血过程中应严防空气进入血管。

（3）输血过程中应密切注意病犬、猫的动态。出现异常反应时，应立即停止输血，经查明非输血原因后方能继续输血。

（4）输血前一定要做生物学试验。

（5）输血时血液不需加温，否则会造成血浆中的蛋白质凝固、变性、红细胞坏死，这种血液输入机体后可立即造成不良后果。

（6）用枸橼酸钠作抗凝剂进行大量输血后，应立即补充钙制剂，否则可因血钙骤降导致心肌机能障碍，严重时可发生心跳骤停而死亡。

（7）严重溶血的血液应弃之不用。

（8）禁用输血法的疾病不得使用输血疗法。严重的器质性心脏病、肾疾病、肺水肿、肺气肿；严重的支气管炎，血栓形成以及血栓性静脉炎；颅脑损伤引起的脑出血、脑水肿等。

任务五　输氧疗法

◇ **目的要求**

掌握输氧疗法目的、方法，会针对具体情况采取合理的输氧疗法。

◇ **学习场所**

宠物疾病临床诊断实训中心或宠物医院门诊。

学习素材

一、组织的氧饱和度

输氧疗法是在组织的氧不饱和时给予机体输入氧气以缓解缺氧状态的方法。氧被利用时，氧的分压降低。吸气时氧的分压为 150mmHg[*]，与肺泡气体混合时降为 100mmHg 以下。动脉血液的氧分压为 95mmHg，给组织供氧后氧分压降至 40mmHg。组织中氧的分压为 35mmHg。

氧气与血红蛋白结合，在血浆中呈物理性溶解，通过血液循环运输。如果吸入的空气中含有足够的氧气，氧气与血红蛋白结合，则即使吸入高浓度的氧气，也仅能使血红蛋白的运氧稍有增加，但可以使血液中的氧气含量大大增加。另外，吸入普通的空气不能使血红蛋白获得充分的饱和时，则吸入高浓度的氧气可以使血红蛋白的氧饱和度明显增加，则组织的氧分压也得到明显改善，且物理溶解的氧气也增加。

二、低氧血症的类型

测定动脉血液气体含量和 pH 是判定低氧血症的唯一方法，是发现末梢血管虚脱（休克）及氧运输能力降低（贫血）等重度并发症的重要指标。而过度呼吸、呼吸困难、频脉及发绀等临床症状并非特异性症状，不是确诊的依据。

1. 氧缺乏性低氧血症　由于呼吸机能障碍而导致动脉血液氧分压降低，其原因如下：肺泡换气量减少，为呼吸减少或胸廓运动障碍所致，导致 CO_2 堆积；先天性心脏疾患或由于肺未换气区域（硬化、无气肺）的灌流而使肺、心动脉相通，如果肺的其他区域换气量增加则不出现 CO_2 蓄积；由于肺泡膜纤维增生或肺气肿、血栓栓塞等而导致肺泡膜扩

---

[*] mmHg 为非法定计量单位。1mmHg＝133.322Pa。

散能力丧失，但这时由于 CO_2 的扩散速度是氧气的 20 倍，故无 CO_2 的蓄积；许多肺部疾患可导致肺的血流和换气不稳，是低氧血症最常见的原因。

2. 贫血性低氧血症 血红蛋白减少或异常导致血液运输氧气的能力下降。

3. 循环性低氧血症 组织灌流不全、休克、心脏搏出量减少或血管阻塞所致。

4. 组织毒性低氧血症 中毒引起的组织细胞不能利用氧气。

三、输氧疗法的适应证

在宠物医疗领域，输氧疗法主要应用于动脉血液氧分压低下而导致的呼吸不全（氧缺乏性低氧血症）的急性期。慢性时，从经济、实用的角度考虑不使用输氧方法。换气-灌流的关系发生变化时，往往适于输氧疗法。但传染病的治疗、改善呼吸道阻塞或恢复呼吸机能时，则输氧疗法的必要性相应减少。休克及心搏出量减少性循环不全时，组织灌流减少而导致低氧血症，这时的输氧疗法是对因疗法的辅助疗法。为使组织内氧维持在发现低氧血症时的水平以上，则输氧疗法是绝对必要的。

在贫血性低氧血症时，有必要进行输血，如果血红蛋白异常（如一氧化碳中毒等）时，输氧疗法是最有效的治疗方法。

组织中毒性低氧血症时，输氧疗法作用不大，但可以尝试投给。为决定输氧疗法的必要性，应进行动脉血气的分析。测定氧分压、二氧化碳分压及动脉血液 pH。

四、氧气的投给方法

输氧疗法的目的是增加血液中氧的搬运量。因此，氧缺乏性低氧血症时输氧，可以使动脉血液氧的含量达到正常水平。而在循环性及贫血性低氧血症时，可以使氧的含量达到正常以上。

氧气的投给方法有吸入面罩法、插管法、鼻塞法、氧气帐篷法等。气管插管法、面罩法及鼻塞法适于麻醉或昏迷状态下的宠物。清醒的宠物用面罩吸氧，宠物往往会生气，从而加重低氧血症。需要追加投给氧气时，可以通过气管插管投给。对于清醒的宠物，可以通过较大的氧气箱给氧。

通常在治疗低氧血症时，氧气的浓度达到 30％～40％ 就可以满足（重剧的循环障碍则需要氧气的浓度更高）。最初以 10L/min 的流速将氧气箱中的氧挤出，然后以 5L/min 的流速维持就完全可以满足需要。在输氧的同时需要加湿，湿度应达到 40％～60％。应保持二氧化碳的浓度在 1.5％ 以下，设置二氧化碳吸收装置的氧气箱可以维持二氧化碳的浓度达 0.7％。保持环境温度 18～21℃。但是，具备氧气箱的宠物医院很少。如果有更好的机械装置，如装有温度调控的制冷装置、空气循环用的鼓风机、增加湿度的加湿器、喷雾器及二氧化碳吸收装置，则对于犬、猫等宠物的医疗是相当方便的。对于慢性呼吸道病或其他原因引起的低氧血症的宠物，如果投给氧气则会使其呼吸数减少，结果会加重低氧血症，故对于这类宠物进行输氧疗法时应充分注意其是否出现呼吸抑制。

五、氧气的毒性

氧气在短时间内以低浓度投给不会出现毒性，但长时间高浓度的输氧疗法将导致特异性的并发症，如痉挛及肺的闭塞区域因氮气被挤出而形成无气肺等。

任务六 透析疗法

◇ **目的要求**

掌握腹膜透析疗法目的、方法，会针对具体情况采取合理的腹膜透析疗法。

◇ **学习场所**

宠物疾病临床诊断实训中心或宠物医院门诊。

学习素材

腹膜透析是治疗急、慢性肾衰的主要的肾替代疗法。腹膜是一种面积庞大的半透膜。腹膜透析的效能与透析物质的浓度梯度差、透析液容量和流速、透析液在腹腔内的停留时间、透析液与腹膜接触的面积、透析液的温度、透析液内葡萄糖的浓度等有直接关系。本疗法适于急性、慢性肾衰竭及抢救重症药物中毒的病例。对于心脏衰竭、肺水肿的抢救可以使用 4.25% 的葡萄糖透析液，对于轻、中度的心脏衰竭、可以选用 2.5% 葡萄糖的透析液。市售的透析液中含有 1.5%、4.5% 及 7% 的葡萄糖。

腹膜透析法是首先将平衡电解质液体注入患病宠物的腹腔，2h 后再排出。这种方法对于清除体内的尿素、苯巴比妥、铊等多种有毒物质有效。但操作时必须注意无菌，并进行必要的除毛等术前准备。

一、腹膜透析的方法

在进行腹膜透析前，应采取导尿、排尿及灌肠等措施，以便于顺利放置透析管。腹膜透析可以采用专用透析装置，也可以采用硅橡胶管。在脐后数厘米腹中线略旁皮肤上进行局部浸润麻醉，采用专用透析用器械或注射针穿刺。如果需要反复进行透析，则可以进行透析管插管，将插管置于直肠陷窝处，以保证流出快，缩短引出时间，并将插管固定于皮肤上。

将温的透析液缓缓注入腹腔，直至腹腔膨满（200～2 000mL）。透析液的配制应注意，渗透浓度应高于血浆，以防止液体在体内蓄积，高钾血症者应用无钾透析液，增加葡萄糖的浓度可以加快排出水分，但葡萄糖浓度超过 4.25% 则可能会发生高血糖性高渗性昏迷和对腹膜的刺激，适量减少钠离子，可以使心衰易于控制和减少高渗引发的综合病征。选用乳酸钠（在肝功能障碍或明显的代谢性酸中毒时选用碳酸氢钠），一般不选择碳酸氢钠，以免碳酸氢钠与氯化钙形成不溶解的碳酸氢钙而在腹腔中沉积。透析液的 pH 应接近 6，低于 5.5 则引起腹痛，透析液中不必常规加抗生素和肝素，禁用新霉素。

注入透析液 1h 后排出平衡液，可以用虹吸式灭菌瓶回收。最初的透析液因被部分吸收而不能全量回收。重症肾功能不全的病例，应每天进行 3～5 次的腹膜透析。

二、腹膜透析的并发症

腹膜透析的并发症有机械性并发症、代谢性并发症及腹膜炎等。机械性并发症有导管阻塞引起的排液障碍（可以通过改变导管的方向、注入肝素 5mg 或尿激酶5 000～10 000 U）、腹痛（通过减慢排液速度、降低透析液渗透压、调整透析液 pH 和温度及在透析液中加入 1%～2%利多卡因 3～10mL）；代谢性并发症主要有水过多或肺水肿（可以通过控制水量、通畅引流和调整透析液比例来改善）、高渗性脱水和反应性低血糖（通过降低透析液的渗透压来改善，停止透析时出现低血糖可通过滴糖或投给食物来解决）、低蛋白血症（透析的丢失，特别是腹膜炎时更易出现低蛋白血症，可在饮食中提高蛋白质的摄入量）、低钾血症（由于患病宠物不食、呕吐、腹泻而致，可以通过投给含钾透析液来改善心脏功能）；腹膜炎是透析中最常发生的并发症，影响透析的疗效和病死率，可以由细菌、真菌及代谢性化学毒物（内毒素）引起，当透析液不清亮、含有蛋白物质时，或通过透析液检查来确诊，治疗时首先用透析液快速冲洗 3～4 次，每次 200～2 000mL，待透析液清亮后，用混有抗生素的透析液透析，可以通过药敏试验或根据经验选择抗生素，革兰氏阳性菌感染时，可以应用头孢唑啉 0.25g/L，或万古霉素首次 0.05g/L，维持量 15mg/L；革兰氏阴性菌感染时，投给氨基糖苷类药物，如链霉素，首次 1.5mg/kg，维持量 4～8mg/L；绿脓杆菌感染时投给庆大、妥布霉素；厌氧菌感染时投给甲硝唑。腹腔感染时纤维蛋白增多，宜加入 1.5～2.5mg/L 的肝素，以防止透析管阻塞，必要时应用尿激酶5 000～10 000IU 封管；真菌性腹膜炎时，多为白色念珠菌和酵母菌感染，因长期应用抗生素或机体抵抗力降低所导致，可以培养出白色念珠菌，在迅速冲洗 2～3 次后，透析液中加入两性霉素 B 0.5～1mg/L，或应用 5 氟尿嘧啶 0.2g 腹腔注射，维持量为0.005～0.1g/L。在良好的无菌条件下及采用闭锁式排液法时极少发生并发症。腹膜透析液的配方见表 4-10。

表 4-10　腹膜透析液配方

成分（g/L）	配方 1	配方 2
NaCl	5.67	5.5
CaCl$_2$	0.26	0.3
MgCl$_2$	0.15	0.15
乳酸钠	3.92	3.92（醋酸钠 5.6）
葡萄糖	15	20

如果没有透析液而紧急需要时，可以按下面的配方进行配制：

NaCl 1 000mL＋10%葡萄糖 500mL＋5%NaHCO$_3$70mL（11.2%乳酸钠 52mL）＋5%CaCl$_2$ 8mL。需要钾离子时林格氏液 1 000mL＋10% 葡萄糖 500mL＋5% NaHCO$_3$70mL。

任务七　穿刺疗法

◇ 目的要求

掌握穿刺疗法目的、方法，会针对具体情况采取合理的穿刺疗法。

◇ 学习场所

宠物疾病临床诊断实训中心或宠物医院门诊。

学习素材

穿刺术是使用普通针头或特制的穿刺器具（如套管针）刺入病犬、猫体腔、脏器内，通过排除内容物或气体，或者注入药液达到治疗目的的治疗技术。

一、腹膜腔穿刺

腹膜腔穿刺是指用穿刺针经腹壁刺入腹膜腔的穿刺方法。

1. 应用 用于原因不明的腹水，穿刺抽液检查积液的性质以协助明确病因；排出腹腔的积液进行治疗；采集腹腔积液，以帮助对胃肠破裂、肠变位、内脏出血、腹膜炎等疾病进行鉴别诊断；腹腔内给药或洗涤腹腔。

2. 部位 脐至耻骨前缘的连线中央，白线两侧。

3. 方法 采取站立保定，术部剪毛消毒。术者左手固定穿刺部位的皮肤并稍向一侧移动皮肤，右手控制套管针（针头）的深度，垂直刺入腹壁1～2cm，待抵抗感消失时，表示已穿过腹壁层，即可回抽注射器，抽出腹水放入备好的试管中送检。如需要大量放液，可接一橡皮管，将腹水引入容器，以备定量和检查。放液后拔出穿刺针，用无菌棉球压迫片刻，覆盖无菌纱布，胶布固定（图4-20至图4-23）。

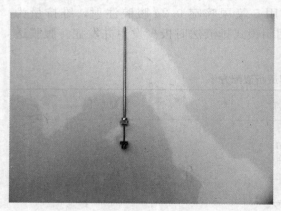

图4-20　套管针

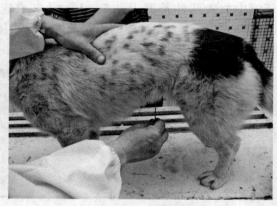

图4-21　刺入腹膜腔内

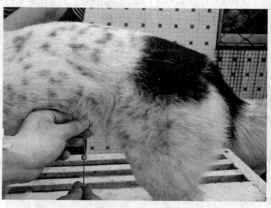

图4-22　拔出针芯

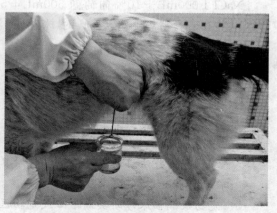

图4-23　接穿刺液

洗涤腹腔时，在肷窝或两侧后腹部。右手持针头垂直刺入腹腔，连接输液瓶或注射器，注入药液，再由穿刺部排出，如此反复冲洗2~3次。

4. 注意事项

（1）刺入深度不宜过深，以防刺伤肠管。穿刺位置应准确，要保定确实。

（2）抽、放腹水引流不畅时，可将穿刺针稍做移动或稍变动体位，抽、放液体不可过快、过多。

（3）穿刺过程中应注意宠物的反应，观察其呼吸、脉搏和黏膜颜色的变化，有特殊变化者，停止操作，然后再进行适当处理。

二、胸膜腔穿刺

胸膜腔穿刺是指用穿刺针刺入胸膜腔的穿刺方法。

1. 应用 主要用于排出胸腔的积液、血液，或洗涤胸腔及注入药液进行治疗；也可用于检查胸腔有无积液，并采集胸腔积液，鉴别其性质，帮助诊断。

2. 准备 套管针或16~18号长针头。胸腔洗涤剂，如0.1%雷佛奴耳溶液、0.1%高锰酸钾溶液、生理盐水（加热至与体温等温）等。

3. 部位 犬右（左）侧第7肋间，与肩关节水平线交点下方2~3cm处，胸外静脉上方约2cm处。

4. 方法 见图4-24至图4-27。

图4-24 套管针 注射器

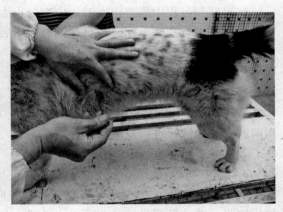

图4-25 穿 刺

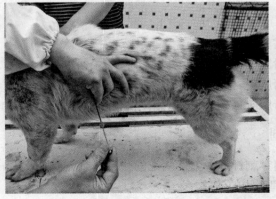

图4-26 拔出针芯

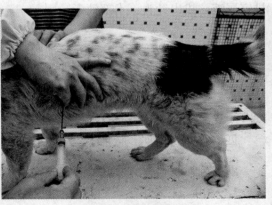

图4-27 抽取胸腔积液

135

（1）动物站立保定，术部剪毛消毒。

（2）术者左手将术部皮肤稍向上方移动1～2cm，右手持套管针，用手指控制穿刺深度，在靠近肋骨前缘垂直刺入3～5cm。穿刺肋间肌时有阻力感，当阻力消失而感空虚时，表明已刺入胸腔内。

（3）套管针刺入胸腔后，左手把持套管，右手拔去内针，即可流出积液或血液，也可用带有长针头的注射器直接抽取。放液时不宜过急，应用拇指不断堵住套管口，做间断性引流，防止胸腔减压过急，影响动物心、肺功能。如针孔堵塞，则可用内针疏通，直至放完为止。

（4）有时放完积液后需要洗涤胸腔，可将装有清洗液的输液瓶乳胶管或输液器连接在套管口上（注射针），高举输液瓶，药液即可流入胸腔，然后将其放出。如此反复冲洗2～3次，最后注入治疗性药物。

（5）操作完毕，插入内针，拔出套管针（针头），使局部皮肤复位，术部碘酊消毒即可。

5. 注意事项

（1）穿刺或排液过程中，应注意无菌操作并防止空气进入胸腔。

（2）排出积液和注入洗涤剂时应缓慢进行，同时注意观察病犬、猫有无异常表现。

（3）穿刺时须注意并防止损伤肋间血管与神经。

（4）套管针刺入时，应以手指控制套管针的刺入深度，以防过深刺伤心、肺。

（5）穿刺过程中遇有出血时，应充分止血，改变位置再行穿刺。

（6）需进行药物治疗时，可在抽液完毕后，将药物经穿刺针注入。

三、膀胱穿刺

膀胱穿刺是指用穿刺针经腹壁或直肠直接刺入膀胱的穿刺方法。

1. 应用　当尿道完全阻塞发生尿闭时，为防止膀胱破裂或尿中毒，进行膀胱穿刺排出膀胱内的尿液，进行急救治疗。

2. 准备　连有长乳胶管的针头、注射器。动物侧卧保定，并需进行灌肠排除积粪。

3. 部位　在后腹部耻骨前缘，触摸膨胀及有弹性处即为术部。

4. 方法　动物侧卧保定，将左或右后肢向后牵引转位，充分暴露术部，于耻骨前缘触摸膨胀、波动最明显处，左手压住局部，右手持针头向后下方刺入，并固定好针头，待排完尿液，拔出针头。术部消毒。

5. 注意

（1）直肠穿刺膀胱时，应充分灌肠排出宿粪。

（2）针刺入膀胱后，应握好针头，防止滑脱。

（3）若进行多次穿刺，易引起腹膜炎和膀胱炎，宜慎重。

（4）努责严重时，不能强行从直肠内进行膀胱穿刺，必要时给以镇静剂后再行穿刺。

四、皮下血肿、脓肿、淋巴外渗穿刺

皮下血肿、脓肿、淋巴外渗穿刺，是指用穿刺针穿入上述病灶的一种穿刺方法。

1. 应用　主要用于疾病的诊断和上述病理产物的清除。

2. 准备　75％酒精，3％～5％碘酊，注射器及相应针头，消毒药棉等。

3. 部位 一般在肿胀部位下方或触诊松软部。

4. 方法 常规消毒术部。左手固定患处，右手持注射器使针头直接穿入患处，然后抽动注射器内芯，将病理产物吸入注射器内。也可让助手固定患部，术者将针头穿刺到患处后，左手将注射器固定，右手抽动注射器内芯。在穿刺液性质确定后再行相应处理措施。

血肿、脓肿、淋巴外渗穿刺液的鉴别诊断：血肿穿刺液为稀薄的血液；脓肿穿刺液为脓汁；淋巴外渗液为透明的橙黄色液体。

5. 注意事项

（1）穿刺部位必须固定确实，以免术中宠物骚动或伤及其他组织。

（2）在穿刺前需制订穿刺后的治疗处理方案，如血液的清除，脓肿的清创及淋巴外渗治疗用药品等。

（3）确定穿刺液的性质后，再采取相应措施（如手术切开等），避免因诊断不明而采取不当措施。

任务八　冲洗疗法

◇ **目的要求**
掌握冲洗疗法的目的、方法，会针对具体情况采取合理的冲洗疗法。

◇ **学习场所**
宠物疾病临床诊断实训中心或宠物医院门诊。

学习素材

冲洗疗法是用药液洗去黏膜上的渗出物、分泌物和污物，以促进组织的修复。

一、洗眼法与点眼

主要用于各种眼病，特别是结膜与角膜炎症的治疗。洗眼及点眼时，助手要确实固定动物头部，术者用一手拇指与食指翻开上下眼睑，另一手持冲洗器（洗眼瓶、注射器、洗耳球等），使其前端斜向内眼角，徐徐向结膜上灌注药液冲洗眼内分泌物。洗净之后，左手食指向上推上眼睑，以拇指与中指捏住下眼睑缘，向外下方牵引，使下眼睑呈一囊状，右手拿点眼药瓶，靠在外眼角眶上，斜向内眼角，将药液滴入眼内，闭合眼睑，用手轻轻按摩1～2下，以防药液流出，并促进药液在眼内扩散。如用眼药膏时，可用玻璃棒一端蘸眼膏，横放在上下眼睑之间，闭合眼睑，抽去玻璃棒，眼膏即可留在眼内，用手轻轻按摩1～2下，以防流出。或直接将眼膏挤入结膜囊内。

洗眼药通常用2%～4%硼酸溶液、0.1%～0.3%高锰酸钾溶液、0.1%雷佛奴耳溶液及生理盐水等。常用的点眼药有0.55%硫酸锌溶液、3.5%盐酸可卡因溶液、0.5%阿托品溶液、0.1%盐酸肾上腺素溶液、2%～4%硼酸溶液、1%～3%蛋白银溶液等，还有红霉素、四环素等抗生素眼药膏（液）等。

二、鼻腔冲洗

鼻腔有炎症时，可选用一定的药液进行鼻腔冲洗。犬、猫等动物可用放乳针连接注射器吸取药液。洗涤时，将放乳针插入犬、猫鼻腔一定深度，同时用手捏住其外鼻翼，然后推动注射器内芯，使药液流入鼻内，即可达到冲洗的目的。洗鼻时，应注意把其头部保定好，使头稍低；冲洗液温度要适宜；冲洗剂选择具有杀菌、消毒、收敛等作用的药物。一般常用生理盐水、2%硼酸溶液、0.1%高锰酸钾溶液及0.1%雷佛奴耳溶液等。

三、口腔冲洗

主要用于口炎、舌及牙齿疾病的治疗，有时也用于洗出口腔的不洁物。口腔冲洗时，先将犬站立保定，术者（犬主）一手抓住犬的上下颌，将其上下分开，另一手持连接放乳针的注射器，将药液推注入口腔，达到洗涤口腔的目的。从口中流出的液体，可用容器接着，以防污染地面。冲洗剂可选用自来水、生理盐水，或收敛剂、低浓度防腐消毒药等。

四、阴道及子宫冲洗

阴道冲洗主要是为了排出炎性分泌物，用于阴道炎的治疗。子宫冲洗用于治疗子宫内膜炎和子宫蓄脓，排出子宫内的分泌物及脓液，促进黏膜修复，尽快恢复生殖功能。

1. 准备　根据动物种类准备无菌的各型开膣器、颈管钳子、颈管扩张棒、子宫冲洗管、洗涤器及橡胶管等。

冲洗药液可选用温生理盐水、5%～10%葡萄糖溶液、0.1%雷佛奴耳溶液及0.1%～0.5%高锰酸钾溶液，还可用抗生素及磺胺类制剂。

2. 方法　先充分洗净动物外阴部，而后插入开膣器开张阴道，即可用洗涤器冲洗阴道。如要冲洗子宫，则先用颈管钳钳住子宫外口左侧下壁，拉向阴唇附近。然后依次应用由细到粗的颈管扩张棒，插入颈管使之扩张，再插入子宫冲洗管，通过直肠检查确认冲洗管已插入子宫角内之后，用手固定好颈管钳与冲洗管，然后将洗涤器的胶管连接在冲洗管上，将药液注入子宫内，边注入边排出（另一侧子宫角也同样冲洗），直至排出液透明为止。

3. 注意事项

（1）操作过程要认真，防止粗暴，特别是在冲洗管插入子宫内时，须谨慎缓慢，以免造成子宫壁穿孔。

（2）不要应用强刺激性及腐蚀性的药液冲洗。量不宜过大，一般500～1 000 mL即可。冲洗完后，应尽量排净子宫内残留的洗涤液。

五、导尿及膀胱冲洗

导尿是指用人工的方法诱导动物排尿或用导尿管将尿液排出。冲洗主要用于尿道炎及膀胱炎的治疗。目的是为了排出炎性渗出物和注入药液，促进炎症的治愈。

1. 准备　根据动物种类及性别使用不同类型的导尿管，公犬、猫选用不同口径的橡胶或软塑料导尿管，母犬、猫选用不同口径的特制导尿管。用前将导尿管放在0.1%高锰酸钾溶液或温水中浸泡5～10 min，插入端蘸液状石蜡。冲洗药液宜选择刺激性或腐蚀性小的消毒、收敛剂，常用的有生理盐水、2%硼酸、0.1%～0.5%高锰酸钾、1%～2%石

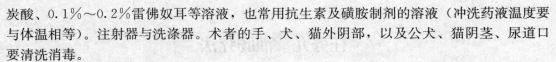

炭酸、0.1%～0.2%雷佛奴耳等溶液，也常用抗生素及磺胺制剂的溶液（冲洗药液温度要与体温相等）。注射器与洗涤器。术者的手、犬、猫外阴部，以及公犬、猫阴茎、尿道口要清洗消毒。

2. 公犬导尿法　动物侧卧保定，上后肢前方转位，暴露腹底部，长腿犬也可站立保定。助手一手将阴茎包皮向后拉，一手在阴囊前方将阴茎向前推，使阴茎龟头露出。选择适宜导尿管，并将其前端2～3cm涂以润滑剂。操作者（戴乳胶手套）一手固定阴茎龟头，一手持导尿管从尿道口慢慢插入尿道内或用止血钳夹持导尿管徐徐推进。

导尿管通过坐骨弓尿道弯曲部时常发生困难，可用手指按压会阴部皮肤或稍退回导尿管调整其方位重新插入。一旦通过坐骨弓阴茎弯曲部，导尿管就容易进入膀胱了。尿液流出，并连接20mL注射器抽吸。抽吸完毕，注入抗生素溶液于膀胱内，拔出导尿管。导尿时，常因尿道狭窄或阻塞而难插入，小型犬种阴茎骨处尿道细也可限制其插入。

3. 母犬导尿法　所用器材为人用橡胶导尿管，或金属、塑料的导尿管，注射器、润滑剂、照明光源、0.1%新洁尔灭溶液、2%盐酸利多卡因溶液、收集尿液的容器等应准备好。

多数情况宠物站立保定，先用0.1%新洁尔灭液清洗阴门，然后用2%利多卡因溶液滴入阴道穹隆黏膜进行表面麻醉。操作者戴灭菌乳胶手套，将导尿管顶端3～5cm处涂灭菌润滑剂。一手食指伸入阴道，沿尿生殖前庭底壁向前触摸尿道结节（其后方为尿道外口），另一手持导尿管插入阴门内，在食指的引导下，向前下方缓缓插入尿道外口直至进入膀胱内。对于去势母犬，采用上述导尿法（又称为盲目导尿法），其导尿管难以插入尿道外口。故动物应仰卧保定，两后肢前方转位，用附有光源的阴道开口器或鼻孔开张器打开阴道，观察尿道结节和尿道外口，再插入导尿管。用注射器抽吸或自动放出尿液。导尿完毕向膀胱内注入抗生素药液，然后拔出导尿管，解除保定。

4. 公猫导尿法　先肌内注射氯胺酮使猫镇静；猫仰卧保定，两后肢前方转位。尿道外口周围清洗消毒。操作者将阴茎鞘向后推，拉出阴茎，在尿道外口周围喷洒1%盐酸地卡因溶液。选择适宜的灭菌导尿管，其末端涂布润滑剂，经尿道外口插入，渐渐向膀胱内推进。导尿管应与脊柱平行插入，用力要均匀，不可强行通过尿道。如尿道内有尿石阻塞，可先向尿道内注射生理盐水或稀醋酸3～5mL，冲洗尿道内凝结物，确保导尿管通过。导尿管一旦进入膀胱，即有尿液流出。导尿完毕向膀胱内注入抗生素溶液，然后拔出导尿管。

5. 母猫导尿法　母猫的保定与麻醉方法同母犬。导尿前，用0.1%新洁尔灭溶液清洗阴唇，用1%盐酸地卡因液喷撒尿生殖前庭和阴道黏膜。将猫尾拉向一侧，助手捏住阴唇并向后拉。操作者一手持导尿管，沿阴道底壁前伸，另一手食指伸入阴道触摸尿道结节，引导导尿管插入尿道内。

6. 注意事项

（1）所用物品必须严格灭菌，并按无菌操作进行，以防尿路感染。

（2）选择光滑和粗细适宜的导尿管，插管动作要轻柔。防止粗暴操作，以免损伤尿道及膀胱壁。

（3）插入导尿管时前端宜涂润滑剂，以防损伤尿道黏膜。

（4）对膀胱高度膨胀且又极度虚弱的病犬、猫，导尿不宜过快，导尿量不宜过多，以防腹压突然降低引起虚弱，或膀胱突然减压引起黏膜充血，发生血尿。

任务九 灌肠疗法

◇ **目的要求**

掌握灌肠疗法目的、方法，会针对具体情况采取合理治疗措施。

◇ **学习场所**

宠物疾病临床诊断实训中心或宠物医院门诊。

学习素材

根据灌肠目的不同，灌肠法可分为浅部灌肠法和深部灌肠法两种。

1. 浅部灌肠法　此法是将药液灌入直肠内。常在宠物有采食障碍或咽下困难、食欲废绝时进行人工营养；直肠或结肠炎症时，灌入消炎剂；病犬、猫兴奋不安时，灌入镇静剂；排出直肠内积粪时使用。

浅部灌肠用的药液量，每次 30～50mL。灌肠溶液根据用途而定，一般用 1％温盐水、林格尔氏液、甘油、0.1％高锰酸钾溶液、2％硼酸溶液、葡萄糖溶液等。

灌肠时，将动物站立保定好，助手把动物尾巴拉向一侧。术者一手提盛有药液的药瓶，另一手将输液器乳胶管（针头去掉）徐徐插入肛门 5～10cm，然后高举药瓶，使药液流入直肠内。灌肠后使动物保持安静，以免引起排粪动作而将药液排出。对以人工营养、消炎和镇静为目的的灌肠，在灌肠前应先把直肠内的宿粪取出。

2. 深部灌肠法　此法适用于治疗肠套叠、结肠便秘、排出胃内毒物和异物。灌肠时，对动物施以站立或侧卧保定，并呈前低后高姿势，助手把尾拉向一侧。术者一手提盛有药液的药瓶，另一手将输液器乳胶管（针头去掉）徐徐插入动物肛门 8～10cm，然后高举药瓶，使药液流入直肠内。先灌入少量药液软化直肠内积粪，待排净积粪后再大量灌入药液。灌入量根据动物个体大小而定，一般幼犬 80～100mL，成年犬 100～500mL，药液温度以 35℃为宜。

3. 灌肠疗法注意事项

（1）直肠内存有宿粪时，按直肠检查要领取出宿粪，再进行灌肠。

（2）避免粗暴操作，以免损伤肠黏膜或造成肠穿孔。

（3）溶液注入后由于排泄反射易被排出，应用手压迫尾根和肛门，或于注入溶液的同时，用手指刺激肛门周围，也可通过按摩腹部减少排出。

参考文献
□□□□□□□□□□□□□□□□□□□□

曾照芳.2003.临床检验仪器学［M］.北京：人民卫生出版社.

崔中林.2001.实用犬猫疾病防治与急救大全［M］.北京：中国农业出版社.

邓干臻.2005.宠物医疗技术大全［M］.北京：中国农业出版社.

高得仪，韩博.2003.宠物疾病实验室检验与诊断图谱［M］.北京：中国农业出版社.

何英，叶俊华.2003.宠物医生手册［M］.沈阳：辽宁科学技术出版社.

李玉冰.2006.兽医临床诊疗技术［M］.北京：中国农业出版社.

李玉冰，范作良.2007.宠物疾病临床诊疗技术［M］.北京：中国农业出版社.

林德贵.2004.动物医院临床手册［M］.北京：中国农业出版社.

沈永恕，吴敏秋.2008.兽医临床诊疗技术［M］.北京：中国农业大学出版社.

唐兆新.2002.兽医临床治疗学［M］.北京：中国农业出版社.

谢富强.2004.兽医影像学［M］.北京：中国农业大学出版社.

周庆国.2005.犬猫疾病诊治彩色图谱［M］.北京：中国农业出版社.

祝俊杰.2005.犬猫疾病诊疗大全［M］.北京：中国农业出版社.

J. Kevin Kealy，Hester McAllister.2006.犬猫 X 线与 B 超诊断技术［M］.谢富强，主译.沈阳：辽宁
科学技术出版社.

图书在版编目（CIP）数据

宠物疾病诊疗技术/赵学刚，黄秀明主编 .—北京：
中国农业出版社，2013.6（2015.8重印）
"国家示范性高等职业院校建设计划"骨干高职院校
建设项目成果
ISBN 978-7-109-17496-2

Ⅰ.①宠…　Ⅱ.①赵…②黄…　Ⅲ.①宠物－动物疾
病－诊疗－高等职业教育－教材　Ⅳ.①S858.93

中国版本图书馆 CIP 数据核字（2012）第 308340 号

中国农业出版社出版
（北京市朝阳区农展馆北路2号）
（邮政编码 100125）
策划编辑　徐　芳
文字编辑　耿韶磊

———————————

北京通州皇家印刷厂印刷　新华书店北京发行所发行
2013 年 6 月第 1 版　2015 年 8 月北京第 2 次印刷

———————————

开本：787mm×1092mm 1/16　印张：9.5
字数：220 千字
定价：26.50 元